微肉飲食

\\\ 從主餐到甜點 ///
125道富含動物蛋白質的美味食譜

增強
肌肉

&

提升
健康

CARNIVORE-ISH

125 Protein-Rich Recipes to Boost Your
Health and Build Muscle

艾許萊·萬霍頓 Ashleigh VanHouten &
貝絲·利普頓 Beth Lipton／著

王曼璇／譯

目錄

前言

我們因奶油而相識。

嗯，嚴格來說酥油是我們的媒人。我們在紐約一個酥油公司的記者發表會上認識——我們兩個都是專寫健康主題的作者、美食愛好者，也是為了尋求新感受、嘗試新事物而不斷學習的人，在相對有限、傳承於前人的健康與營養世界中遇見新朋友。我們一見如故，一起鑽研與耕耘於健康飲食世界，友誼也隨之增長。不過當然，一開始我們聯繫變得頻繁，要歸功於熬煮濃郁的奶油。

我們的一大共通點是都欣賞動物性食物，而令人訝異的是，這件事在主流「健康文化」中仍非常罕見，尤其關乎女性——以及銷售給女性時。我們深刻地感受到能強化並長久維繫健康的關鍵，就存在自然界、在我們身體與生俱來的智慧中，那是無數世代流傳下來的智慧，也是人體內每個細胞的渴望。儘管現代社會給予我們大量資訊、便利、娛樂，卻也掩蓋了一個道理，那就是我們的身體與心靈都需要強壯、快樂、健康的人生。很不幸地，一個快樂、健康、自立自強的社會，根本無法讓人賺到錢。相反地，體現飲食文化的產業，非預防導向的醫療系統，以及無數一點用都沒有的速效療法，讓我們被誤導、仰賴藥物、無法被滿足且感到沮喪。最糟糕的是當狀況沒有好轉，或無法達成自己的目標，我們通常只會怪罪自己。

我們知道這一切，因為我們是過來人，已經看到它的影響。在健康產業工作超過二十五年，我們已經看到——也試了我們分享的飲食與健身計畫、流行的方法、生物駭客法和其他實驗，只為了回到對我們心臟、大腦、骨骼最有幫助的事情上：用身體最舒適的方式動作，培養更深的連結與關係，做對自己有意義的事，掌控壓力，享受日曬也好好睡一覺；還有，以上這些的關鍵就是要吃各種營養密度高的食物，這是我們最能貼近自然的機會。人類都很聰明，但我們並沒有比自然聰明；我們尚未（將來也不會）在實驗室裡創造出「像食物的產品」，能與一塊完美烹調的牛排（也許用一點酥油）的愉悅與健康媲美。

如果你厭倦了「養生」或「正確飲食」文化，其實你並不孤單。被各種矛盾的資訊壓垮，甚至乾脆想放棄都很正常，其實這正是行銷的一部分；也就是我們一直掉進速效療法陷阱的原因。我們就是要告訴你（尤其是女性，因為我們最常被視為以道德及審美為基礎的健康行銷對象），網路媒體及人氣網紅賣的東西，不必照單全收。如果有人說，綜觀人類歷史，人類的飲食突然變成殘酷、不健康且無法永續發展，感覺很罪惡——那是因為，這就是錯誤觀念。

雖然很多人打從心底相信，但很大程度上，將動物性蛋白質妖魔化的敘事手法只是一種行銷策略，並沒有充分依據，不管你在網飛的紀錄片上看到什麼，精心挑選的科學不是科學，我們之後會再探討。

我們想寫一本書，不受規則、教條或恐懼左右，全靠熱愛營養密度高的動物性食物，頌揚營養豐富的食物，它們本該被大力分享、細細品味。我們想表達吃蛋白質導向的飲食很健康、營養充沛且美味，並且有各種方式可以「吃到原型食物」。我們想讓你知道健康飲食也可以讓人感到滿足，甚至樂在其中。這些餐點可以用簡單、有趣的方式烹煮，廚房新手也能駕馭。健康飲食的本意是吃東西的心情與吃下去的東西同樣重要，備感壓力的身體無法好好消化食物。我們希望這本書是一個工具，幫你擺脫對動物性蛋白質的愧疚感、罪惡感或恐懼，從各個層面好好品味它，如此就能找到你真正的養生之路。

最後，我們只是兩個愛吃肉的朋友，我們希望和你分享這顆熱愛食肉的心，其中還有一些歷史、教育和幽默。每一餐都該好好享用、分享，我們希望這本書能幫你做到這件事。

艾許萊及貝絲

引言

　　我們希望你會發掘這本書的樂趣，希望它是一種資源，帶你了解為什麼動物蛋白導向的飲食能讓身體感覺更自在，並達到你的「身體組成」目標；這也是一本淺顯易懂的讀物，教你如何輕鬆地做出美味的食物，提供各式各樣的美味食譜。

　　開始之前先看看這些導引：

- **解釋肉食飲食和微肉食方法**：看起來似乎只吃牛肉，但肉食飲食可以有非常多選擇。這一章會解釋微肉食方法是什麼、為什麼人們要這麼做，以及如何把它當工具小幅度地運用。微肉食和肉食飲食並不相同，所以這章將概述差異與吃很多肉但並不全吃肉的各種好處。

- **你的微肉食廚房**：這一章能幫你好好地打造廚房，不管是你需要的工具還是設備，還有你會想要的食材。有些東西沒有在此列出，但這一章有你最需要的東西，不管是運用這本書時還是之後的生活。

- **了解蛋白質**：這一章裡我們訪問了許多專家，告訴你內行人才知道的門道，打破神話，揪出各種動物蛋白的常見錯誤。讀這本書可以讓你事半功倍，用專家的方法下廚。我們為了寫這本書從中學了很多，也希望你能從中學到更多。

- **食譜**：根據不同的蛋白質類型分成不同章節，主菜食譜適用於各個時段及情況，從簡單的週末晚餐到備受喜愛的歡慶餐點，也符合大眾口味。其他是配菜、醬料及調味料，用來加強或提升主菜風味。之後幾章是開胃菜、點心、甜點和飲料，畢竟人生苦短，怎麼可以沒有它們。這些章節中的某些食譜沒有動物性蛋白質，但它們還是能補充動物蛋白——我們盡可能地用有創意的方式偷偷塞進食譜。

食譜的幾個注意事項：

- 食譜只是引導，不是法條。這本書裡我們會告訴你許多依個人口味調整的方法。你可以調整任何你想改變的地方，我們也鼓勵你多多嘗試（如果你上傳到社群媒體，可以標記我們讓我們看看你的作品）。我們敢打賭大多時候都會創造出很棒的成品，如果失敗了就笑一笑，改天再試試看吧，我們都搞砸過；這是很有趣的一部分，也能學到經驗。（相信我們，寫這本書的過程我們也發生過很多次。）

- 調味上我們很隨性，精心設計的隨性。我們常說用鹽和胡椒調味，但是其實你需要多少調味，取決於你用哪種肉，你用哪種／哪個品牌的鹽，你的盤子裡還有哪些食物，以及你的個人口味。我們建議你大膽地用鹽幫肉調味，但我們對此的認知不同。所以再說一次，就試試看吧：先下一點調味，然後慢慢加重。練習久了就能找到面對各式食譜時，自己喜歡的口味是什麼。

- 我們並沒有在食譜中提倡草飼或有機原料。你將會在前兩章看到我們給的建議，就是依照你的預算選擇品質最高的動物蛋白。如果你可以取得傳統飼養法的食材，也很好。沒有人說如果你負擔不起全有機就不能吃蔬菜，肉不是100% 草飼不代表它不能為我們的健康帶來益處。

- **食肉者重置／飲食計畫：**我們認為以肉為主（某些狀況下可說是肉食者）的短暫飲食重置，對許多人來說非常有幫助，原因有很多。我們後續會解釋，還有如何準確地重置肉食者計畫。為了增添樂趣，我們根據書中的食譜，整理了一些菜單、餐點規劃，萬一你想來個微肉食早午餐、假期派對或野餐時就用得上。

- **微肉食者的預算：**動物蛋白價格不菲，並不是每個人都有無限預算能揮霍在食物上（我們也沒有）。這一章中我們會提供能取得高品質蛋白的有效策略，無論你的預算如何或是你住在哪裡。

- **資料來源及建議讀物：**雖然這本書塞滿了資訊及食譜，總是還有值得一讀、學習的對象。我們會與你分享我們的研究資料和買到肉質豐富商品的去處，還有其他讓你去深掘的資料（編注：皆為英文資訊）。

第一部 ——————————————————

一起開始吧

第一章

什麼是
全肉飲食？

　　你們可能覺得「全肉食」這個詞很耳熟，它通常說的是那些可怕的動物，像鯊魚或更嚇人的恐龍。但真正的意思是那些因為身體構造而只吃肉的動物。肉食動物吃肉是因為這是最健康的選項，牠們能吸收養分、獲取能量、身體能好好運作又長得健壯。

　　簡單來說，全肉飲食就是只有動物性產品的飲食。這一章裡我們會解釋什麼是微肉飲食，討論怎樣的肉食方法可以作為短暫重置計畫，並提供肉食飲食計畫的建議。

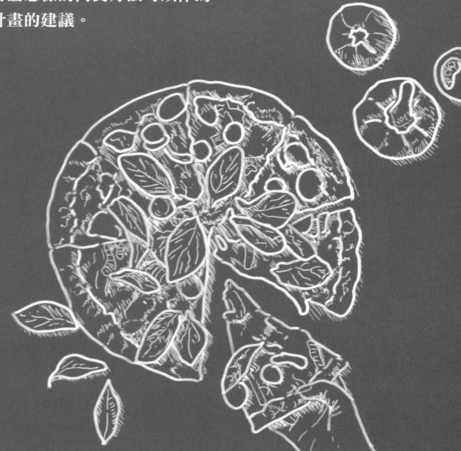

人類是天生肉食者嗎？

　　人類是雜食動物；我們生理構造靈活又巧妙，足以成為狡猾的獵食者。我們的身體系統天生就能處理、消化、運用廣泛的植物及動物性食物，從悠久的歷史看來，地球各處的人類也都以同樣方式生存：吃隨手可得、方便又營養豐富的食物。只要看看現在世界各地的人類傳統飲食的多樣性，你就會知道我們的意思。

　　很多情況下，遠古人類仰賴採集植物（種子、果子、塊莖）填飽肚子，尤其他們等待「好東西」的時候——由陸地或海洋動物組成的大餐雖然不常見，但營養更充足，也更讓人滿足。雖然我們的祖先一天之中會花時間找樹根、海藻來吃，但真正讓他們得以生存的是較少見的魚類、家禽及大型獵物。

　　其實，進化生物學家及考古學家已經建立了各種理論，正是烹煮及食用肉類讓原始人進化為人類，人類進化過程中，他們的胃部縮小，大腦則急遽成長。很大程度上，這就是我們與人猿表親的差異：我們相對大的大腦靜止時也能消耗全身 20% 的能量（雖然只占體重的 2%），是其他靈長類的兩倍之多。肉質豐富的飲食能提供我們營養充沛的能量，讓我們走向食物鏈的頂端，或者說，讓我們登上月球、連上網路、到任何想去的地方。（想像一下，如果我們必須花 80% 的清醒時間吃一些葉子，只為了不挨餓——就像大猩猩一樣，是要怎麼發展藝術跟科技？）

　　所以啊，嚴格來說人類並不是肉食動物，當然我們也不是素食者。儘管如此，我們之中有人選擇肉食，也有人選擇茹素。我們是複雜的混合體，你落在哪個區段取決於幾個因素：你的祖先、你居住的地方、你的個人目標或身體狀況，以及你個人喜好（或是你的文化背景、族群加諸在你身上的喜好）。

你說的「微肉食」是什麼意思？

　　隨著嚴格的肉食飲食越來越興盛，某程度上歸功於有影響力的人，如尚恩・貝克醫師（Dr. Shawn Baker）、格鬥賽名人喬・羅根（Joe Rogan）、純肉倡導者米凱拉・彼特森（Mikhaila Peterson），他們認同嚴謹的肉食飲食，身體會有正向表現──而關於鋪天蓋地的植物性飲食（之後會提到），我們認為是時候後退一步，切斷所有震耳的吶喊，清除錯誤資訊和行銷手法，更本能、實際地看待我們的飲食。

　　「微肉食」是我們厚顏的表達方式，說明我們重視且著重於動物蛋白的營養及味道。但我們並沒有要妖魔化蔬菜、水果、調味料或甜點──這本書裡通通都看得到。微肉食法能確保動物蛋白處於優先與核心地位，我們知道喜好及可得性並不穩定：當我們正在做不同訓練時，可能會想吃不同的東西，不管是夏天或冬天，也可能只是因為我們今天好想吃牛排，明天又想吃炒蛋配蔬菜。我們是微肉食者，因為我們知道飲食具有多變性，也有調整的彈性，應該是一件讓人快樂的事，而不是懲罰。

　　如果我們撇除情感，以及現代普遍面對死亡的不適感，很容易就能看出動物蛋白是我們進化、身體運作與健康層面至關重要的一部分，當我們能享受動物蛋白帶來的健康來源，就能茁壯成長。我們並非要吹捧「最好」的飲食方法。在整本書中我們想告訴你的是，動物蛋白正蒙受不好的名聲，源於主流媒體與金錢驅動的健康產業。其實，強調動物蛋白是因為它可能是長期隱藏在我們眼皮底下的「祕密」，能帶來能量、健康、長壽，還有我們努力想要的身體樣貌。

　　我們結合了食譜開發、寫作烹飪書、營養及食品相關新聞，還有其他健康保健產業的工作經驗，我們知道健康飲食世界可以複雜又能單一武斷。通常在社群媒體上銷售書籍、飲食計畫，和零售店裡的產品，都要遵守一套嚴謹的規則，還要加入或認同某個族群。而長期下來沒有效果的原因是：一個成功的飲食方法，會牽涉到細微的差異、選擇與靈活性。我們每個人都要找出有營養、具永續性、吃得開心的飲食方法，不管網路上別人如何評論所謂的正確選擇，這本書就是我們的回答：我們創造出來的工具，幫你找到對你來說有用的可行辦法。

揭露 8 個吃肉的大迷思

迷思 1：我的姐妹、最好的朋友、最喜歡的網紅說，植物性飲食是最佳選擇。

對，我們知道啊。

我們每天都被連環訊息轟炸，說吃動物本質上很殘忍且不自然，對環境有負面影響；會讓我們得癌症或其他可怕的疾病。這種說法大部分毫無根據，源於特定利益團體，他們利用不完整的訊息，讓我們變胖、生病然後從中獲利，或試圖賣昂貴的產品給我們。（我們並不是認為你的姐妹懷有惡意或想傷害你；我們想說的是，這些人就是她們的資訊來源。）

要吃更多（或只吃）植物的壓力是確實存在的，我們懂。但再說一次，如果你跳出來看，你會看到大部分有力的訊息都禁不起考驗。

有一種論點是，大幅度的植物性飲食——多樣性高、加工食品少——比標準美國飲食（SAD）健康許多。很多人從標準美國飲食轉為素食主義，馬上感受到對健康的好處。他們覺得是去掉肉類得到的好處，但其實很可能只是擺脫了引起發炎反應的食物和其他加工垃圾食品。

問題在於植物性飲食只是比充滿毒素的飲食好，標準美國飲食並非就是最佳選擇。我們似乎有一種概念，某樣東西很好（例如蔬菜），多吃就更好，而最極端的版本（純素主義）就是最好。然而事實上，以健康來說通常並非如此。試看看不吃肉類也不戒掉垃圾食物的植物性飲食，你可能會發現並不是肉類在傷害你的身體。（千萬別親身嘗試，我們只是在敘述論點。）

更進一步來說，有些研究假設純素飲食對孕婦、幼童有害，有些地方（如比利時）認定以純素飲食餵養幼童且沒有嚴謹照看、補充足量養分，視同刑事犯罪。北美洲女性很常被鼓勵吃「對身體有益、植物性」的飲食，但是為了嬰兒的健康，女性懷孕時這個建議就完全不算數。如果這不能說明純素缺乏對女性健康的照護，純粹以時下潮流及市場為考量，我們不知道還有什麼能解釋這點。

迷思 2：吃紅肉對你有害

　　有很多專家花了數年時間研究這件事，他們能用更深入的角度分析，所以我們這裡會大概說明一下，建議讀讀專家的研究更深入了解，如營養師黛安娜・羅傑斯（Diana Rodgers）、維斯頓・普萊斯醫師（Weston A. Price）等。我們想傳達的重點是：人類依循我們的天性，打從人類存在起就在吃紅肉，甚至比網紅對我們指手畫腳該怎麼做更為久遠。人類存在的這段時間裡，只有最近這十幾年我們發現肥胖症、慢性病以及與飲食相關的疾病激增，與此同時人類吃的紅肉及動物脂肪是前所未見地少。取而代之的是他們吃下更多過度加工食品、反式脂肪、植物油和糖（還有活動量變少、日曬減少、累積慢性壓力）。

　　紅肉是絕佳的蛋白質及必需氨基酸來源，還有維生素 B6 及 B12（後者是形成血液的必需營養素，對維護腦部及神經系統都相當重要，幾乎只能從動物來源取得）、磷、鋅、鐵（比起植物性非血基質鐵，我們人體更容易吸收血基質形式的鐵）、菸鹼酸。同時紅肉富含名為穀胱甘肽的抗氧化劑、共軛亞麻油酸（天然的反式脂肪，搭配健康飲食對身體好處多多），以及膽固醇，這是另一種被抹黑的化合物，其實身體運作非常需要它，包括腦部功能。

　　很多到處散布的反肉食說法是針對人類飲食行為的研究數據，做出讓人遺憾的錯誤理解（甚至很多是刻意為之）。其中許多研究顯示，吃肉與疾病／死亡率可能有關連，但並非必然相關，他們沒有考量到個人條件的限制，還有其他無數生活因素、健康因素造成的可能性，都沒有在這個論述中被提及。換句話說，如果參與研究者吃速食、抽菸、酗酒且不運動，健康狀況不好，很多研究就會總結一句，都是速食漢堡裡那片肉的錯，絕對不是其他生活因素。越來越多近期且精心設計的研究反駁了這個過時的概念，那就是紅肉與死亡率、癌症的直接連結。雖然這個新消息花了一點時間才打入主流討論中——或許很大層面上是因為這會打亂許多大型、具影響力企業所仰賴的現今消費格局。

　　事實上，這可能是我們付出代價最大的營養謬論，紅肉——是地球上最不受歡迎、害怕遇到的食物之一，其實它是有益健康、營養密度高的食物。肉裡的微量營養素很充足（根據生理學，肉的生物利用度最高），符合身體機能所需，還有或許是有史以來最重要的功能：減少憂鬱症患者。我們並不是要說吃牛

排就會讓你變成更快樂的人；我們只是建議給你的身體所需的燃料，幫助你打造一個強壯、復原力好、能好好運作的身體與心靈，而品質好的動物性產品就是能提供燃料的一個選項。

迷思 3：吃肉好殘忍

牽涉到生、死、痛苦以及個人對倫理、死亡的看法時，總是特別難把情緒與事實切割。但我們越是努力用更客觀、奠基於科學的方式看待這些重要議題，而非個人、情緒的那一面，就越能恰當地做出合理的決定。

如果你看過大自然的紀錄片，就會知道生命是殘酷的，而死亡是不可避免的。在當代社會，我們對死亡概念感到不舒服，但無法讓這件事消失。有生就有死。而這不代表動物不該被符合道德地飼養、好好照顧，並盡可能地人道屠宰。牠們絕對值得好好對待，如果你很在乎這點，購買肉品時就更該選擇曾被如此對待的動物。我們就很在乎。但是如果我們不吃，動物就不會死，這一點顯然不成立；事實上，如果很多動物死於挨餓或獵食者手下，會遭受更多痛苦。如果人類不存在，而是動物王國統治世界，我們真的覺得死亡就不存在嗎？我們的身體能滋養其他身體，也可能是土壤、植物。為什麼我們自我陶醉地認為：我們不屬於生命自然循環的一部分呢？

當一個人選擇植物性飲食，他們也無法保證動物不會死於製作植物性飲食的過程。全素飲食絕不是滴血不沾；剷平作物通常需要數千隻小型嚙齒動物及其他動物的性命。營養師兼農夫、《神聖的牛》（*Sacred Cow*）作者黛安娜・羅傑斯（Diana Rodgers）說：「很多動物在種植蔬菜時失去生命……鳥和蝴蝶也會被化學藥劑毒殺，兔子和老鼠被曳引機輾過，大面積單作蔬菜田取代了大量原生動物曾居住的土地。」[1]（單作是一種農耕法，如玉米或小麥，一大片單一作物在同一片土地，年復一年，沒有輪休，導致土壤枯竭、腐蝕，以及其他不利環境的影響。對種植這些作物的人來說，這種作法的產量越高，收入就更高，但往往對環境及土壤造成傷害。帶來的影響是過度濫用農藥、肥料、水，導致生物多樣性降低、蟲害、殺蟲劑抗藥性與其他負面影響。）你可以這麼說，永續農業——動物都在健康、快樂、人道的環境下成長；牠們在毫無痛苦的情況下被宰殺；牠們的身體被用來維繫生命，這是我們尊重動物生命更有效且抱持敬意的方式，而不是在收

---

1 Rodgers, D., "Sentience: Black & White? Good & Bad?," *Sustainable Dish* (blog), July 4, 2017, https://sustainabledish.com/sentience-black-white-good-bad/

獲單一作物時用曳引機輾過去，絲毫沒有善用牠們的身體。

我們不是要讓完全不想吃肉的人這麼做，我們沒有要強加自己的信念在任何人身上，我們知道依據每個人的喜好和目的，人類有非常多健康飲食的選擇，但太多人在與自己吃肉的天性抗衡，和自己的欲望打架，只因為一些不成立的論述。如果你非常願意敞開心胸讀完這本書，之後依然決定植物性飲食是你的最佳選擇，那麼你會更有力量。我們只是想與大家分享能做出最佳選擇的必要資訊。

迷思 4：吃肉違反自然

有些說法是吃肉違反自然（也就是說，這不是人類必須要做的事），這個說法很明顯是錯的，也很容易反駁。人類生理屬於雜食動物，打從全球各地出現人類足跡開始，大多數養分及卡路里都來自肉類。儘管網路上有許多蓄意誤導的文章，宣稱人類天生是草食動物，但人體生理是明確事實，不容質疑。

證據就擺在我們面前——事實上，真的就在我們臉上。我們的牙齒有扁平、適合咀嚼的臼齒（很適合分解植物），也有適合切斷食物的門牙、犬齒，非常適合撕咬肉類。

消化系統也顯現出我們的天性。我們的身體缺乏纖維素酶，它是一種能分解蔬菜的酵素，很多食草動物都有，但我們的確有蔗糖酶可以消化水果，還有豐富的蛋白酶能分解動物蛋白。人類需要維生素 B12 才能維持健康，而長久以來這種維生素只能從細菌或動物來源獲得。我們的消化道比其他食肉動物長，如獅子、狼，但比其他草食動物短，如牛、羊，所以我們能消化脂肪及蛋白質，當然還有一些（不是全素）植物性食物。靠著咀嚼草類和其他植物生存的牛有四個胃——只要想想如果我們突然被迫和牛吃一樣的東西，會發生什麼事？而自然創造出一個系統，讓牛吃草，我們吃牛。與我們進化中最相近的親戚黑猩猩也是雜食動物。

我們最常聽到的一種說法是，僅僅因為我們可以殺死並吃掉動物，不代表我們應該這麼做。雖然我們會把這個推論應用在某些事上（只因為你可以一口氣吃掉一整盒甜甜圈，不代表你應該這麼做），但就這件事上並不合理，這麼做只是無視大自然的複雜結構。其實，我們可以殺死動物並吃掉他們，那就是我們在生態系統的位置。

迷思 5：減少肉食是氣候變遷的解答

　　再說一次，全世界都有關於氣候變遷非常豐富的資源及訊息，這其實是一個相對複雜的議題，必須了解碳排放、碳封存和全球暖化是如何作用，所以我們會試著盡可能簡單扼要地說明，也鼓勵你自己去了解、研究這個議題。

　　一種常見、反覆出現的論點是：我們現行的農耕法在造成改變氣候的碳排放量中，占有讓人頭痛的比例，比所有運輸排放量的總和還多。許多從事永續農業的人說，畜牧場並不是需承擔所有咎責的對象；這是不道德也不永續的農耕法，很多飼養動物的方式都會形成碳匯（意思是土壤可以吸收並儲存碳，減少大氣中的碳量），其實能為環境帶來好處。

　　放牧牛群能藉由糞肥增加土壤中的微生物，透過牛群移動能刺激草生長，以此促進牧場更健康——牧場不適合作物生長，意味著放牧動物的土地並不會占用植物生長的土地。（約 70% 的放牧土地不適合種植作物，不管有沒有動物生活，都不能作為農耕用地。）這種自然、循環的交互作用不會發生在單作的農耕環境。雖然大量仰賴化學支援的單作會使土壤枯竭，永續農業仍可以靠著水、堆肥、自然運作補充養分，繼續保持土壤健康。不適當的農業方式和無間斷的放牧會導致土壤腐蝕及養分枯竭，儘管研究顯示再生放牧（包括讓牛群移動到其他地方，土地得以進行自然循環，避免過度放牧）可以大幅度地改善土壤碳含量，維持土壤健康，甚至可以幫忙修復脆弱、瀕死的土地，使其重獲健康。

　　能討論的還有太多，但所有資訊的重點就是，危害地球的是用不永續的方式種植、放牧，而不是誹謗動物（牠們一直以共生方式存在，在地球上到處遊走），我們的目標應該是改善農業方式，維持再生、促進健康的系統。那些認為我們可以：一，所有人類停止購買肉品；二，用農作物取代放牧用土地；三，靠著只吃植物就能改善人類與地球的健康，是不正確也不切實際的想法。

迷思 6：人類——尤其是女性，都應該儘量「輕食」，吃低脂、植物性飲食

　　女性應該儘量「輕食」以維持健康，很多方面來看都徹底有害。不只因為這是不切實際的方法（這就是為什麼人們用傳統節食法減重，往往會復胖甚至變得更胖），也會帶來不必要的痛苦。除此之外，我們也把道德（或沒有道德）與自己渴望營養的欲望綁在一起了。「輕食」到底是什麼意思？我們曾看過素食甜點，和素食墨西哥捲餅，而這些都不能被說成輕食。

　　本書裡有些食譜乍看之下很放縱，全是肉、全脂乳品、蛋、奶油，和其他曾有人告訴我們是很肥、放縱、甚至是「不好的」食物，他們會這麼說：「這個好好吃但不健康。」可惜的是，許多食物會被列在罪惡快感的清單中，人們非常喜歡這些食物，但享受它們的同時又覺得很罪惡——這是另一個我們想修正的謬誤。

　　我們認為人類會受這些食物吸引，不是因為人生就是「個人欲望」與「有益於己」的持續拉扯，而是因為天性就站在我們這邊，把我們推向我們的需求。有報導說：性帶來愉悅，是因為我們要做這件事以繁衍物種。食物也是同個道理。這些會胖、放縱的食物也富含營養，我們的身體天生就是要把它們當作燃料使用，我們應該渴望它們，因為這些食物能幫我們活得更好。

　　你可能會想：「好吧，但為什麼我也那麼渴望糖分？」嗯，可能只是因為你沒有吃足量的肉。我們遠古的先人生活在盛宴與饑荒的循環中，如果你狩獵失敗，沒有成功點菜，相對地就是沒有食物。用肉塞飽肚子不是貪吃，這是為了生存。當他們找到蜂蜜或很多時令水果，他們也會吃下肚，因為誰知道下次找到食物又是什麼時候！

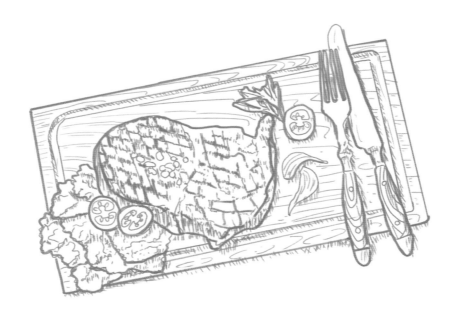

對多數人來說，這些全部都被拋諸腦後了。你隨時可以取得各式各樣的甜食〔你去歐迪辦公（Office Depot 是美國的辦公用品零售百貨）排隊結帳時，不可能看不見放滿大包裝扭扭糖、星河巧克力、彩虹糖的一整面牆〕，而你每天吃著「健康」碳水化合物的同時，也被灌輸了肉只是調味品的概念。於是你總是覺得肚子餓、不滿足，被一波波需要糖分的浪潮拍打，老是往嘴裡塞垃圾食物。即使你已經吃了低碳飲食，要接受更多植物性食物的壓力確實存在，這是一種需要花時間、耐性來忘記的長久壓力。

我們認為有一天你會發現當你改變了飲食習慣，優先攝取蛋白質——尤其是營養最豐富、生物利用度最高的動物性蛋白，你會不那麼「需要」糖。通常你會覺得更有滿足感，對糖的渴望就會減輕。

難道這表示你以後都不會想吃布朗尼了嗎？才不是，你還是會想吃（如果你不想吃我們才擔心咧），但你不會那麼「需要」它，不讓欲望成為自己的主人。還有最棒的部分：你的身材會更好，擁有你想要的身體組成，還有活躍的新陳代謝，讓你好好享受偶爾吃下肚的那塊布朗尼，然後繼續你的生活。

迷思 7：女性不該吃太多蛋白質

和「輕食」議題相關，但表達形式不同，可能是更讓人沮喪的論點，關於女性應攝取的營養及健康有很多長期累積的錯誤訊息，存在於根深蒂固的女性歧視概念中，也就是女性「應該」有的外表與行為。瞄準女性的龐大健身與健康市場一直都將美麗、有吸引力、女性特質的主流概念，置於健康、幸福、持續及身體表現之前。基於恐懼的行銷及偽科學參與塑造出某種文化，也就是某些食物更適合某些特定性別的人，如果你停下來想想，其影響的深度會讓人打從心底地驚訝不已。你上一次看到這樣的廣告是什麼時候？一名燦笑的男性吃著低脂優格的廣告，堅定地說變得輕盈、看起來更纖瘦，就能得到長長久久的幸福，聽起來異常地傻吧，但女性每天都必須面對這種厭女行銷，真的是每一天。

從各方面看來，女性顧客占了消費市場 85% 之多，她們為家庭不停地採購各種產品以及買不完的食物，正因如此，大多數食品行銷都朝向「解決女性問題」，不管是她們的外在、體重，還是她們如何餵飽家人以及滿足家庭需求。（諷刺的是很多問題都是企業發明或刻意維持的，然後體貼地提供解決方式——以一定的價格。從速食產業提供極度加工的「植物性替代飲食」，以及大量的垃圾食品企業集團買下偽健康品牌，這些都是更深層次的操縱。）就像黛安娜·羅傑斯在她的個人網站寫的：

「我喜歡和女性一起討論，告訴她們吃肉的重要性，因為大多數情況下，如果你能幫女性理解好的營養來源，你就能改變一大家人。最常見的營養不足就是缺鐵，孩童與育齡婦女的盛行率最高，尤其是孕婦。我們不會用吃更多沙拉來解決這個問題，我們必須讓女性知道吃肉才是解決之道。紅肉已經承擔太多惡名，但肉是營養非常充足的食物。」[2]

現實就是女性與男性都是人類，都有骨頭、肌肉和消化系統，我們需要支撐這些系統的食物都是一樣的。（你覺得狩獵採集者甚至是前工業時期的祖先有特殊的「女性食物」嗎？）由於女性特有的激素組成，以及生命不同階段的需求造成的波動（例如生育年齡與更年期），我們需要優先攝取蛋白質——還有像鐵一樣重要的微量營養素——甚至比男性更需要。隨著年齡越來越大，女性好發肌肉減少症和骨密度降低的趨勢也逐漸增長，意味著我們必須優先選擇某一種飲食，以減少、甚至扭轉這些問題。肌肉流失、骨裂、骨質疏鬆症——許多隨著年齡增長我們必然要面對的挑戰，透過有效、有營養的飲食及運動計畫，大多都可以避免，或至少可以大幅減緩。也就是說，沒錯，吃更多動物蛋白和舉起更重的重量，就是主流廣告顯然不鼓勵我們去做的兩件事（這也是為什麼 3 磅的啞鈴通常都是粉紅色的原因）。

許多網路資料說「每日最低需求蛋白質量」落在總卡路里 10% 至 15%，或說每公斤體重需攝取 0.8 公克的蛋白質，等於每天需要 50 克至 60 克蛋白質，我們必須記得這是生存所需的最低限度，並不是追求健康和長壽的最佳需求量。

世界上大多數人都沒有吃太多蛋白質的風險，事實上，真正的問題是相反的，我們的飲食文化將我們更進一步地導向糖與加工碳水化合物的消費模式。特別值得一提的

2　Rodgers, D., "Women and Meat," *Sustainable Dish* (blog), October 17, 2016, https://sustainabledish.com/women-and-meat/

是，有大量研究顯示，過度攝取蛋白質不會增加你身上的脂肪，但過度攝取脂肪和碳水化合物就會了。換句話說，當我們要減重時，蛋白質就成為極度重要的角色，它可以幫忙打造並維持淨肌肉、增加飽足感、你的身體也需要耗費更多卡路里來消化蛋白質，還有蛋白質不像碳水化合物容易變成體脂肪。

迷思 8：植物蛋白和動物蛋白一樣好

我們遇過大多數立意良善、以植物飲食為基礎的營養學家，都會承認為了強化嚴格素食者的營養及健康，他們必須額外補充，有時甚至是刻意補充，以攝取足夠分量的必需氨基酸與某些維生素、礦物質。雖然偏肉食飲食法也可能還是會缺少某些重要養分，但飲食中少了動物蛋白仍然會成為攝取營養時的重要缺失。雖然補充品有存在的必要也很有效果，不過最好還是讓我們的身體從較好消化的完整食物中吸收養分（還是在有脂肪的情況下），這就是為什麼飲食仍是最佳選擇，補充品只是最後手段。

我們來分析為什麼從客觀角度來看，動物蛋白是比植物蛋白更完整的營養來源。

蛋白質由胺基酸組成，而人體組成中有 20 種胺基酸。其中 9 種被視為「必需」胺基酸，我們的身體需要它們，卻又無法自行製造，所以必須從食物來源取得這些養分。所有動物蛋白都有這 9 種必需胺基酸，只有非常少數的植物囊括這 9 種，通常你需要吃更大量的植物性食物，才能吸收到人體所需的足量胺基酸。從實用性到效率層面，動物蛋白都是更優質的營養來源。

確切地說，動物蛋白是白胺酸（負責刺激肌肉生長與修復的關鍵必需胺基酸）和肌酸（由必需胺基酸中的精胺酸與甲硫胺酸組成的蛋白質分子，可以幫助運動表現及修復）最豐沛的來源，這兩者都是建構淨肌肉量最至關重要的養分。

即使是完整的植物蛋白——包括黃豆、麻、藜麥，所含的蛋白質和胺基酸量都相對較低，你必須吃進更多才能獲取必需養分，從消化到熱量的角度來看都不太實際（我們寧願吃 3 盎司牛肉也不要吃 3 大杯藜麥）。如果你沒有從植物來源中吃到完整的蛋白質，那麼要確保你從飲食中可以得到最多養分，當中所需的化學煉金術非常累人，浪費時間之外還很沒效率。

動物蛋白 vs. 植物蛋白

3 盎司含 20% 脂肪的牛肉

216	卡路里	102
17g	脂肪	1.6g
0g	碳水化合物	18g
15g	蛋白質	3.7g

3 盎司藜麥

3 盎司野生鮭魚

130	卡路里	135
4g	脂肪	2g
0g	碳水化合物	23g
22g	蛋白質	8g

3 盎司鷹嘴豆

如何開始肉食重置計畫？

就像我們前面說過的，我們不認為你必須遵循某一種嚴格的飲食法，或任何一種飲食教條，才能維持健康且營養充足。若只因為某一種飲食計畫對別人有用——甚至你之前試過也有用，並不代表你必須嘗試或永遠依循它。我們都是獨立個體，有不同的挑戰、目標和偏愛，這就是我們健康旅程有趣的地方，即使這遠比我們想像的複雜許多。

話雖如此，我們仍然認為有明確目的、短暫的飲食「重置計畫」。以各種理由看來，這種短期的規劃是很有幫助的工具。以下是重置計畫可能有幫助的情況：

- 受管控的排除飲食計畫可以找出哪些食物可能造成發炎反應、消化問題或其他身體問題（後續階段就是小心地再次吃下食物，你就能觀察食物吃下肚的反應）。

- 把加工食品、糖或植物油從你的飲食中剔除。

- 經過一階段的大吃大喝，或吃太多不健康食物後，重置身體的飢餓及飽足訊號（例如說，在一段放縱的假期後）。

- 作為短暫的減脂工具。

我們建議你和可信賴的健康專家談談（希望是真的懂營養，不會試圖說服你「動物脂肪很危險」或豆腐跟花生醬是最佳蛋白質來源的人），以及何時要進行飲食調整都必須謹慎。

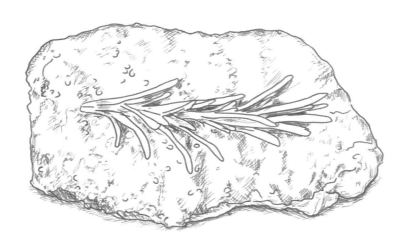

在主流圈裡，這種重置計畫就像果汁斷食或 7 到 30 天的素食挑戰。我們在此說的顯然不是這些，你也已經知道了為什麼這些方法會造成反效果，而且不健康。（果汁排毒法只會殺了我們：你其實正在除掉水果及蔬菜中絕大部分的優點——纖維——只喝下液態糖，而這是你身體需要「排毒」的東西嗎？才不是。）反之，我們在講的是短暫的肉食重置計畫。我們發現針對之前所述的問題，這個方法有效且沒有果汁或素食「排毒」的副作用，包括缺乏營養或極度飢餓。

長期斷食是另一種方法——在這段期間裡你消耗掉的也只有水而已。儘管這種斷食法對某些人來說是很棒的方法，但我們寧可享受同樣可以調節血糖、抑制發炎的好處，還能同時吃著讓人滿足的動物蛋白，支撐我們的身體機能，維持（或建構）肌肉。

對我們大多數人來說，一個 3 天、5 天甚至 7 天的「嚴格」肉食計畫，可以充分啟動許多我們渴求達成的目標：消除對糖的需求、調節血糖、減少腫脹和炎症，甚至可以減 1-2 公斤。你可以選擇要不要繼續延長這個飲食法，維持 1 個月或更久，重申一次，我們建議你好好關注自己的身體，去驗血看看，你就能有前後指標可以參考，並且和有經驗的健康專家一起開始計畫。

注意：重置計畫可能不適合患有飲食障礙或曾有飲食障礙史者。如果你有上述情況，或你懷疑自己有相關困擾，開始控管飲食前，請與可信賴的心理健康專家討論。

如何進行肉食重置計畫？

- **先決定你要進行多久的計畫，心裡有一個目標比較有幫助。**
  肉食重置計畫比其他去過敏原飲食容易得多，因為還是可以
  吃飽，但只要有任何限制，多少還是會有心理障礙，和別人
  一起吃飯時也會有點不便，要向他們解釋你在做什麼。設定
  你的目標，在行事曆上標註起來，然後做好心理準備面對這
  個計畫。

- **只食用動物性產品。** 我們建議可食用各種肉類，不同來源、不
  同部位、不同料理方式（3 天都只能吃絞肉或牛排也很無
  聊）。準備一些你喜歡的絞肉、雞腿、雞心、雞絲、牛肉、豬
  肉、魚、貝類、罐頭魚、蛋……這樣你懂了吧。用動物脂肪
  來備料、烹煮這些蛋白質：例如牛脂、鵝脂、奶油、酥油。

- **好好利用鹽。** 用品質好的鹽為食物調味，確保維持電解質平
  衡和水合作用。鹽可以幫身體吸收水分，所以大膽地幫食物
  加鹽──但不要過度，適當調味就好。

- **更多調味……或不調味，要不要加鹽之外的調味料，取決於
  你的目標。** 如果你想藉由肉食重置計畫確定你是否對某些食物
  過敏，你可能就不想使用香料，有些人會因香料產生發炎反
  應。但如果你只是想擺脫糖和欲望，或想在充滿酒精與垃圾
  食物的放縱假期後，讓身體恢復正常，放心地加上你喜歡的
  香料，讓食物變得更美味，像小茴香、大蒜粉、辣椒粉之類
  的。

- **自由選擇是否要攝取奶製品。** 如果你想吃或可耐受、可消化
  乳製品，你可能會在奶油、優格、起司裡吃到乳製品。記得
  攝取全脂且不要額外加糖，如果你能買到生乳就更棒了。

- **需要的話就吃點零食吧。** 取決於你的目標和舒適度，你可以
  考慮吃一點肉類零食，例如牛肉乾、乾酪、豬皮。融合各種
  風味和口感可以讓你免於食物倦怠。

- **補充水分……多喝水**。一定要喝很多水。如果你正在「戒毒」，戒掉過度加工食品、碳水化合物和酒精，你可能會發現自己也排掉了腹脹感和身體儲存的水分，雖然肉的含水量很高，但很容易讓你脫水。如果你要進行完整的肉食計畫，水就是唯一的飲料；如果你不想把自己逼得太緊，那咖啡（黑咖啡或加點奶油）、茶、氣泡水、無糖電解質飲料都可以喝。但是重置計畫期間，你需要避免喝酒、康普茶和其他飲料（特別是有人工甘味劑的飲料）。

- **吃到飽**。我們不能告訴你要吃多少東西或隔多久時間要進食；這要靠你自己找出答案。我們建議你注意自己饑餓與飽足的訊號，把它們當作你要吃多少（以及隔多久）和什麼時候該放下筷子的指標。現在，如果你是特別需要數字的人，試試看這個方法：盡可能地維持你現在攝取的卡路里，即使攝入量低於這個數字也不要焦慮。你不會在短短幾天內因為只吃牛肉、雞肉和沙丁魚飲食就餓死，我們保證。這會是一次絕佳的練習，好好聆聽你的身體，放慢進食速度，練習專注。練習好好地吃一頓飯，沒有其他干擾，做幾次深呼吸，食物放進嘴裡前先聞聞香氣，每一口之間都放下叉子細細咀嚼，吃下去的時候想著你正把營養投入身體裡。根據我們的經驗，當你只吃肉時，很難會吃到過量，牛排配薯條就肯定過量了（當然是因為薯條），但只有牛排的話，身體通常會給你很明確的訊號：你吃飽了。

該避免的常見陷阱：

- **碳水化合物或垃圾食物都準備好了，然後突然「戒斷」**。快放下「最後一餐」的想法，這只是一個短暫的飲食重置，不是以後都吃不到甜甜圈了。根據你重置之前的飲食，隨著身體習慣接收到的碳水化合物變少了，糖、酒精或其他食物攝取得更少，你可能會覺得有點不舒服。你也許聽過「低碳流感」，這是有些人在禁食碳水化合物或生酮飲食後發生的狀況，可能造成頭痛、倦怠、易怒，在身體從擅長燃燒糖類到燃燒原本儲存及外源的脂肪期間，通常一至兩天內會覺得狀況不佳。在你重置飲食之前，不要暴飲暴食造成自己的負擔，這樣做只會置你於水深火熱之中。我們建議逐步減少你即將要捨棄的食物——不管是咖啡因、酒精、糖，或以上皆是——尤其在你的重置計畫開始前幾天裡，讓身體有機會用最佳狀態好好運作。

- **重複吃一樣的食物**。人生太短也太長，不能對食物感到厭煩。我們理解不是每個人都喜歡花時間待在廚房裡，也有很多人只是單純沒有時間自己下廚，但一直吃重複的食物——即使只是幾天——很容易會食物倦怠、厭煩、增加想放棄的念頭，甚至會增加食物不耐症的機率。避免這種情形的最好方式就是肉食重置期間，盡可能地選擇各種肉品（平常飲食也是）。如同我們先前提過的，只要你用一點想像力，即使是「只有肉」的飲食也可以帶來無窮盡的味道、風味、口感。即使你這 3 天只有牛絞肉，也可以用不同的方式料理：做成漢堡或起司牛肉丸、加進歐姆蛋捲裡、用油慢燉到酥脆（請參考第 98 頁油封牛肉）。可是沒有理由只吃牛絞肉，多備幾種不同的肉類，豬肉、禽肉、蛋、魚、海鮮和你喜歡的野味，讓重置計畫變得有趣又開心。你正在做對自己有益的事，沒道理讓它變得像處罰一樣。我們是堅定的重置計畫鐵粉，我們相信只要享受你的食物，加上一點努力就能走得長遠。

- **太嚴格又太久了**。只是因為一週感覺很不錯，不代表就必須維持一個月。在我們的文化中，似乎覺得如果某個東西只有一點就很好的話，那更多就更好了，而最極致的形式就是「最好」。其實對於營養或健康層面來說，這非常少見。一次又一次，我們常看到「更多就是最好」的想法造成很多人徹底失敗——長時間沒有攝取碳水化合物來源，又訓練得太認真了；過於嚴格控制飲食會造成精神耗損，進而影響社交及家庭生活；不用在不必要的時候過度沉迷或關心你的飲食，除了這些還有很多很多。只有你自己知道你的選擇是真實地影響著身體與精神，所以我們無法告訴你哪種方法最適合你，但我們知道當你全然投入到飲食之中，卻開始對你的身體和精神健康、壓力程度和人際關係產生負面影響，那就是時候退後一步，重新評估你這麼做是為了什麼。重置計畫只是一段時間而已，並不是長期的生活方式。

- **重置計畫後就不慎選吃下肚的食物**。我們當然懂，你已經 3 天、5 天或 7 天（甚至更久），除了動物性食物沒有吃下任何其他食物，你可能想一頭栽進披薩和啤酒裡。但這可能代表著你在重置計畫期間為身體所做的一切都一筆勾消了，也沒學到一些你的「平常」食物是如何影響著你。如果你正在進行簡單的 3 天重置計畫，打算讓假期過後的身體重回正軌，這就不是問題，但如果你在進行 1 週以上嚴格的肉食計畫，試圖找出哪些食物可能對你造成不良反應，那麼一次導回一樣食物且至少等待一天（理想是兩天）就很重要，先導回一種食物之後再加入另一種。

記錄你導回身體的食物，包括你吃了多少量，配什麼吃的，什麼時候吃的，吃下去之後當下感覺是什麼，1 小時後的感覺又是什麼，2 小時、隔天的感覺，諸如此類。注意你的消化功能、體力、心情、睡眠；根據你的目標和挑戰，追蹤血糖是否也維持正常。聽起來是個麻煩事，但短期調查可以給你無價的資訊，包括哪些食物對你產生良好反應，哪些食物會讓你走回頭路。你已經投入在這個計畫裡，所以耐心、有條理地做數據蒐集，一切都會有所回報。

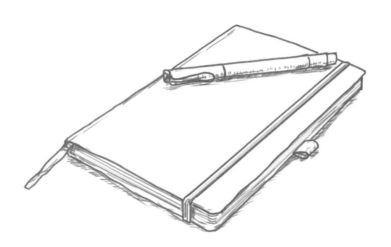

3 天肉食重置計畫飲食範本

提醒：食物份量和實際的餐點內容你可以自己決定，看你喜歡一次吃很多或一整天都少量進食，都可以。你可以把這個指南看成幾天的肉食計畫，而不是必須嚴格遵守的嚴謹飲食計畫。這裡的大多數食譜都是或可以是剔除非動物成分而成為嚴格的肉食餐點。

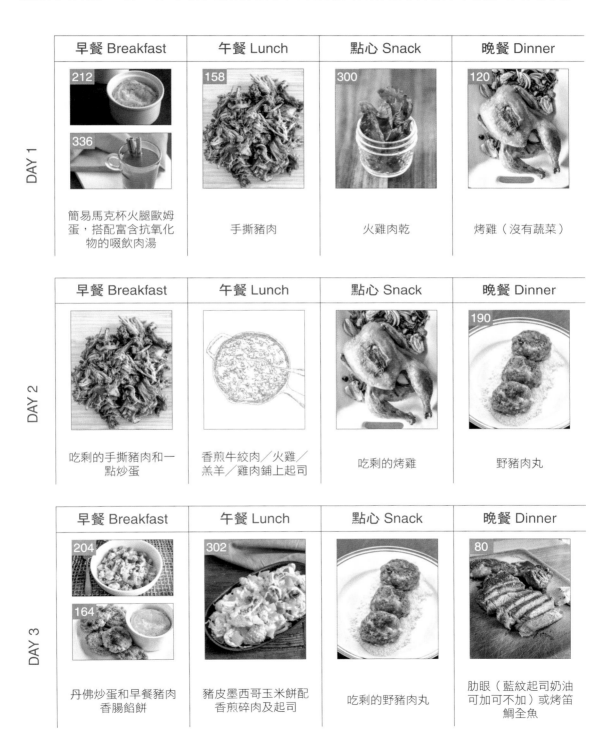

	早餐 Breakfast	午餐 Lunch	點心 Snack	晚餐 Dinner
DAY 1	簡易馬克杯火腿歐姆蛋，搭配富含抗氧化物的啜飲肉湯	手撕豬肉	火雞肉乾	烤雞（沒有蔬菜）
DAY 2	吃剩的手撕豬肉和一點炒蛋	香煎牛絞肉／火雞／羔羊／雞肉鋪上起司	吃剩的烤雞	野豬肉丸
DAY 3	丹佛炒蛋和早餐豬肉香腸餡餅	豬皮墨西哥玉米餅配香煎碎肉及起司	吃剩的野豬肉丸	肋眼（藍紋起司奶油可加可不加）或烤笛鯛全魚

肉食菜單

微肉食早午餐

全都要貝果風味
鮭魚

魔鬼蛋三部曲

焦糖洋蔥韭菜烘蛋
佐義大利火腿

貓王香蕉麵包

黑巧克力椰子穀麥
脆片

有趣的肉食晚餐

烤紅笛鯛全魚

油封火雞腿

凱薩沙拉佐豬腩
「麵包丁」

蒜香金線瓜
義大利麵

香辣公牛一口酒

高蛋白野餐趣

義式潛艇堡沙拉

檸檬龍蒿龍蝦沙拉

「動物」脆餅

覓食者綜合乾果

橙香白巧克力鴨油
甜餅乾

兒童午餐

132

氣炸辣雞腿

212

簡易馬克杯
火腿歐姆蛋

274

氣炸綜合蕃薯片

314

水果果凍

適合分食的節慶餐點

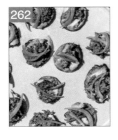

88

奇波雷手撕牛

130

辣蜂蜜雞翅

284

肉鑲蘑菇

278

豬皮粉洋蔥圈

262

牛舌小漢堡

316

祕製餅乾麵團松露
巧克力

預算有限的晚宴

260

烤雞心科布沙拉

154

烤地瓜皮

332

血橙琴費斯

324

日式起司蛋糕

第二章

你的肉食廚房

　　有一個好消息：適合肉食飲食的廚房和任何講究健康飲食的廚房沒有分別。你需要的就是一些好設備，當然，還有好食材。以下是我們的建議，讓你的肉食烹飪過程盡可能簡單、有趣且美味。

廚具／廚房設備

　　一個設備完善的廚房，絕對不是有很多虛華小物的廚房。即使你不是和貝絲一樣住在紐約小公寓裡，避免雜亂也是減輕壓力、順利烹飪的關鍵。後續的清單列出了必備物品，偶爾會提到一些很酷的小工具，如果你喜歡又有地方放的話，可能就想入手了。

刀具

　　刀是你廚房裡最最重要的東西。雖然你可以花大把的錢買各種刀，每一件事都可以用不同的刀，但事實是，你真的需要的只有三把：

- **主廚刀**：這是你會最常用到的刀，切片或切碎、把肉從骨頭上切下來，或是除掉魚皮都很好用。當你不知道要用哪把刀時，拿主廚刀準沒錯。主廚刀的長度和刀身尺寸很廣，但大多數人會比較喜歡 8—10 吋的主廚刀。如果你要去買一把主廚刀，我們建議你去實體店面，親手拿看看各種尺寸，找到你握起來最順手的那把。

- **鋸齒刀**：用來切開食物的刀。它看起來就像廚房版的鋸子，而這就是它的用途，適合用來切開外厚內軟的食物，像麵包（其實它有時也被稱為麵包刀）。鋸齒刀也很適合切外殼硬但果肉軟的蔬果，像甜瓜、茄子。而鋸齒刀是否適合拿來切烤肉，一直有爭議，我們不會這麼用，但如果你拿來切烤肉而且沒什麼問題，就不用改變現狀。

- **水果刀**：刀身更短的小刀，可以用來處理更精細、需要精準的步驟，如切細絲和去皮。如果你要在魚的中心切個小口看看熟了沒，水果刀也很好用。

根據你要做的菜量和菜式，你也許會想買一把切片刀，像鋸齒刀一樣刀型長且刀身窄，但刀刃是直的。它可以拿來切烤肉和牛排，也可以切禽肉和魚肉。不喜歡用鋸齒刀刃鋸開肉類的廚師，通常會改用切片刀。你可以全部買齊，買把剁刀和剔骨刀，但一般料理不太需要這些工具。

專家級訣竅：照顧你的刀具

你不需要花俏、昂貴的刀具——你只需要鋒利的刀。鋒利的刀可以讓每個步驟更輕鬆俐落，而且用起來也更安全，所以幫自己買一塊磨刀石和磨刀器吧。磨刀的頻率依據你的使用頻率而定，通常數個月一次就可以了。磨刀器和磨刀石不同（你看到電視上主廚拿著刀在長長的金屬管上來回揮舞，他們是在順平刀刃，不是磨尖刀刃）。磨尖刀刃是把刀身的外層金屬磨掉，做出一個新的刀刃，而順平刀刃是重新校正刀身正位，可以讓刀維持銳利，但是與磨尖刀刃不是同件事。

如果你有在廚具店或百貨公司看到專業的磨刀服務，絕對值得讓專業人士每年幫你磨一次刀。

最後，每次用完一定要徹底清潔刀具並保持乾燥，不要把刀放進洗碗機。刀具要放在木製收納盒裡或吸在磁條上，放在任何你順手的地方，不要讓它在抽屜裡晃動，這可能會損傷刀具，也不是很安全。

砧板

　　關於木砧板和塑膠砧板的討論非常熱烈，我們沒有特定立場，兩種都用，依據用途選用砧板。塑膠砧板很適合搭配生的蛋白質或味道很重的食物，像洋蔥、大蒜，因為你可以把塑膠砧板放進洗碗機清洗、消除氣味。很多人更喜歡木製砧板，有時候可以拿來當作裝飾用的餐具（例如熟肉拼盤），理論上木製砧板對刀具較友善。有兩個砧板也是不錯的主意，一個可以用在生的食材，另一個就能用在新鮮蔬果。不要把木製砧板放進洗碗機，會造成砧板彎曲，可以用非常熱的熱水、洗碗精、洗碗刷或洗碗海綿，砧板的兩面都一定要清潔，不管你有沒有在上面切食材，因為料理檯面上可能會有細菌，或是另一面也可能被滴到東西。

電子溫度計

　　這個必備的工具可以代表不同意義，肉已經成功煮好了——當然，也可能相反。檢查肉、禽肉、魚肉（還有卡士達醬）的內部溫度，你就能確定是否已經達到安全食用溫度（尤其是禽類），還有是否達到對的熟度（例如三分熟牛排），不用靠瞎猜。這一點有許多討論，貝絲曾為雜誌寫過一篇測試溫度的文章，她試了 6 種溫度計，要找出最好的那個，幫你省下麻煩：整體來說我們最喜歡 ThermoWorks 的 Thermapen ONE，以預算為考量的話，最適合的是 Kizen 的 Instant Read Meat Thermometer。

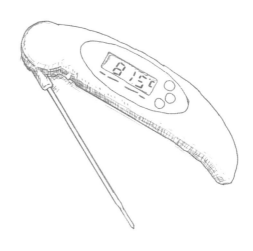

削皮器

如果你在超市買了某一種有薄金屬片的削皮器，趕快丟掉買一個更好的（如果連削蘿蔔皮都很困難，就是你買的那款爛透了）。花不到 300 元你就可以買到一個更好的削皮器，而且物超所值。不管是一般的削皮器還是 Y 字型的削皮器都可以，取決於你的喜好，只要削皮刀夠鋒利，握起來舒服即可。

酷酷的小東西：

> **鋸齒狀削皮器。**削皮薄的食物特別好用，像番茄、桃子。如果你很常削這類食物，就買一個吧，你就不用再用熱水燙過才能除去外皮了。

攪拌器

有很多不同形狀的攪拌器可供選擇，但我們覺得傳統的水滴狀或氣球狀就可以了。一個就很夠用，一個 11 吋的攪拌器就能處理大多數備料過程。但如果你喜歡，擁有不同尺寸也都可以派上用場。我們特別喜歡 7 吋攪拌器，再次乳化醬料、攪拌幾顆蛋、把膠原蛋白拌進咖啡裡、各種小事都很好用。你可以在廚具用品店買到有 11 吋、9 吋、7 吋一組的攪拌器。

鏟子／刮刀

你需要各一支：一般鏟子，也就是可以把鬆餅翻面的鏟子，最常見是金屬製的，用來翻動食物；另一種是矽膠刮刀，很多狀況都可以用，像攪拌、簡單混合、疊壓、從碗上把每一滴麵糊刮下來。為了避免刮傷你的鍋具，我們建議你兩支都買可耐熱的矽膠製品，橡膠製可能會融進你的食物裡。

煎魚鏟，它是鍋鏟的遠親，鏟頭更長、更有彈性，還帶有溝槽，通常是不鏽鋼製，有時候邊緣會有一圈矽膠，可搭配不沾鍋使用。煎魚鏟的邊緣是不對稱形狀，鏟頭比一般鍋鏟長，也比較窄。這種鏟子最適合拿來翻魚，它的設計可以讓你更輕鬆地面對需要小心處理的魚肉。也可以用來煎漢堡、蛋和法式薄餅。

夾子

這絕對是極其好用且用途多變的工具，是我們最常用的工具。用夾子翻牛排、攪拌及分配沙拉、炒或煎時翻動食物、在烤盤裡翻動蔬菜、把整隻雞移到砧板或大盤子裡、把煮好的蛋從蒸籠裡取出、拿放在架子高處的東西（如果你跟我們一樣個子不高的話）。我們喜歡矽膠頭的夾子，不會刮傷不沾鍋或鑄鐵鍋。

木匙

烹煮時用來攪拌或切碎絞肉都很好用，也比金屬湯匙更適合用在煎鍋及平底鍋。大約 11 或 12 吋的長度最順手，但一樣地，你也可以花一點錢買組有 12 吋、10 吋、8 吋的木匙組，很可能三支都會派上用場。長柄勺可以搭配深鍋或荷蘭鍋使用，而短柄杓就可以在小平底鍋翻動食物時使用（如果你和孩童一起下廚，也會發現小木匙好用）。

刨絲刀／刨絲器

像銼刀的刨絲刀（如 Microplane 廚具品牌的刨絲刀）是增添柑橘香氣的好幫手，也很適合磨碎質地較硬的起司、大蒜、薑還有巧克力，而且一個就很夠用。

有邊框的烤盤

我們會用有邊框的烤盤（就是一般烤盤）裝各種東西，從餅乾到烤肉都可以（和餅乾烤盤不一樣，餅乾烤盤是全平面且沒有邊框的那種）。你肯定需要幾個有邊框的烤盤，平面烤盤基本上只能裝不用攪拌的東西，像餅乾。你也不能拿平面烤盤裝烘烤時會出水或出油的東西，像培根。我們幾乎是完全偏心地喜歡有邊框的烤盤，只有一種時候例外，那就是我們需要把烘焙紙上的東西滑到烤盤上的時候，這個步驟搭配餅乾烤盤使用會更方便，但即使是這個例子，也還是可以用有邊框的烤盤。

標準尺寸是長 18 吋、寬 13 吋的烤盤，專業烹飪圈稱這個尺寸為半盤烤盤，而這個尺寸適合大多數家庭的烤箱（全盤烤盤是商用廚房專用）。相較於不沾烤盤，我們偏好純鋁原色的烤盤，因為用途更廣，比如說你不應該用不沾烤盤烤肉——也不好清洗。因為你可能同時在一個盤子上煮不同食材，或需要一個以上烤盤處理不同步驟，我們發現有至少兩個以上的烤盤真的很方便。

酷酷的小東西：

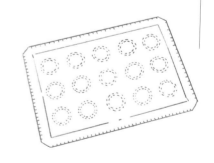

矽膠烘焙墊。你可以在某些料理中，用矽膠烘焙墊取代烘焙紙鋪在烤盤上，不但可以省錢，也是一個很有永續概念的選項。

烤肉盤

買一個有架子的大烤盤——對，這個盤子會非常適合烤肉。整隻的禽肉和大塊肉放在架子上烤，肉就會很均勻地烤熟，還有空間收集滴下來的油脂，可以拿來做肉汁醬料的基底，或是拿來當蔬菜的調味（兩樣都做也可以）。你可以用烤肉盤來悶燉，這種盤子耐得住高溫，而且四邊都有高度可以困住溫度，因此以烤肉來說，比起烤盤或淺邊框的烤盤，烤肉盤是更好的選擇。小撇步：你可以把烤肉盤放在爐台上保持溫熱，再做肉汁醬料。

琺瑯鑄鐵鍋（荷蘭鍋）

這是一種大且深，也很重的鍋具，有密合的蓋子，鍋體由鑄鐵材質製成，再塗上一層琺瑯。有價格不菲的荷蘭鍋，但如果策略性地購物，通常可以買到不超過台幣 3000 元的優質荷蘭鍋（想想工廠出清和假日特賣會之類）。我們建議 5Qt 到 7Qt（約 5 公升至 7 公升）琺瑯荷蘭鍋。

這本書裡的所有食譜，還有你可能會看的大多數食譜，都適用於這個容量的荷蘭鍋。而且鑄鐵鍋很重，我們建議的尺寸是你可以從爐台上移到烤箱再移到桌上，即使裝滿食物也不會太費力。有些人說琺瑯不太牢固，因為塗層可能會脫落；我們已經用荷蘭鍋煮飯好幾年了，還沒遇到這個問題，而且琺瑯塗層清洗起來也更省力。

我們超愛用荷蘭鍋做悶燒，例如煮湯、燉菜等等。荷蘭鍋熱傳導效率非常好，適用於爐面及烤箱，而且它們通常都很漂亮，可以直接端上桌。荷蘭鍋很堅固，幾乎不會壞，所以是很好的投資。我們喜歡橢圓形的荷蘭鍋，可運用的面積很足夠，所以煎燒肉類時不用分太多批。

單柄鍋

你至少需要一個中型單柄鍋（約 2-3 公升），不過如果你有空間和預算，也可以入手一個小的（約 1 公升）和一個大的（約 4 公升），這本食譜裡三種尺寸的單柄鍋我們都有用到。一個好的單柄鍋拿起來感覺很穩固，會有一個密合的上蓋，還有一個拿起來不會覺得燙得要命的把手。

長柄煎鍋

有幾個不同尺寸的長柄煎鍋很方便：至少要有一個小的（約 15-20 公分）、一個中的（約 25 公分）和一個大的（約 30 公分）。一般來說，我們喜歡厚底的不鏽鋼煎鍋，用途更廣耐熱度高，而且大多數可以進烤箱（看看說明書確認能不能放進烤箱）。有一個大的和中的不沾煎鍋也很棒，可以煎蛋和法式煎餅，但不適合拿來炒或煎封肉類，因為大多數不沾材質的塗層不耐高溫。

我們也建議至少有一個保養得當的鑄鐵煎鍋。你知道還有什麼廚具會隨著使用次數越來越好用嗎？你用得越頻繁，鑄鐵廚具就會變得越來越不容易沾黏，等於不停地在上油保養。鑄鐵煎鍋保溫效果非常好，所以預熱鍋子要煎封牛排時，牛排放進鍋子後溫度不會一下子掉下去，其他煎鍋就無法達到同樣效果，這就是為什麼用鑄鐵鍋煎封的牛排這麼漂亮。除此之外，當你用鑄鐵鍋烹煮時，也會有一點點鐵質進入食物。如果你害怕鑄鐵鍋和鑄鐵煎盤繁瑣的照顧步驟，別怕，它們比你想的更好清潔與保養，而且現在很多市售鑄鐵鍋具都已經完成開鍋步驟了。

以這本書的食譜來說，我們建議購買中、大的鑄鐵煎鍋，分別是 20-25 公分。如果兩種尺寸都有當然更好，但如果你只有一個 22-25 公分的煎鍋，用在本書食譜當然也沒問題。通常你會想要一個夠大的煎鍋，可以處理大塊牛排或很大份的食物，但鑄鐵煎鍋很重，你不會想要一個無法輕鬆拿著的大鍋子。

彈簧烤模

這是一種底部和邊框有扣鎖但可以解開的烤模，可用來裝不能倒扣放在架子上的食物，像起司蛋糕（就是本書食譜裡我們用的廚具）和冰淇淋蛋糕，也可以用在法式鹹派。你可以把邊框卸下，把蛋糕從底部滑下來放在餐盤上，或從底部直接切開就能端上桌。本書中我們使用的是 22 公分的彈簧烤模，我們發現這是最好用的尺寸，因為很多食譜都是用這個尺寸。

如果你用彈簧烤模烤需要水浴的東西，像起司蛋糕，一定要用兩層鋁箔紙包好底部和扣上的邊框，以防水分滲入。

冷卻架

要冷卻食物一定需要鐵絲構成的冷卻架，這樣空氣才能循環到架子下方。你也可以搭配有邊框的烤盤使用，讓洋蔥圈（第 278 頁）和鬆餅這類食物在烤箱中保持熱度的同時，也維持酥脆度。我們建議至少有兩個冷卻架。

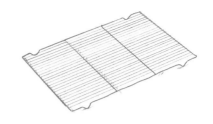

長型烤盤

我們推薦淡色滲鋁鋼製的長型烤盤，可以做出一致、均勻的烘焙品。避免使用玻璃的烤盤，你會發現在食物中心還沒烤熟前，邊緣顏色就已經變太深，顯然不是我們想要的樣子。

一般情況下我們不喜歡用不沾烤盤，深色烤盤和玻璃烤盤有一樣的問題，而且不能用防沾的烹飪用油，可能會破壞不沾塗層。這些對我們來說都太麻煩了，就用淡色的金屬烤盤，鋪上烘焙紙，就可以均勻烘烤而且方便清潔。以本書食譜來說，你需要一個長 20 公分寬 10 公分和一個長 22 公分寬 12 公分的烤盤。

派盤

22 公分的玻璃製派盤用途最廣，而且我們發現這個尺寸烤出的成品是我們試過的尺寸中烤得最均勻的。你也可以買一個深一點的，雖然不太必要，如果你已經有一個金屬派盤也可以使用，金屬導熱比玻璃好，所以酥皮的顏色可能會比用玻璃盤烤更快變深色。如果你有金屬派盤，可以把烤箱溫度降低約攝氏 14 度。

烤皿／烤碟

有兩種尺寸就很好用：一個長方形、長 33 公分寬 22 公分（燉菜用），和一個較小、約 20 公分的烤皿（給親愛的布朗尼用）。鋁、陶瓷、強化玻璃，像耐熱玻璃（Pyrex），都很好用，但烘烤時間會依據你使用的材質有些微差異。玻璃和陶瓷製的烤皿需要較長的烘烤時間，因為比起金屬這些材質需要更多時間才能拉高溫度。我們不建議使用矽膠材質，我們發現用這種材質做的食物不會變色，而且矽膠烤盤的用途也不夠廣。

烘焙紙

我們喜歡預先裁好、一片一片裝的那種，尺寸大約是半個烤盤大小（因為我們懶……還是追求效率？），一整捲的也可以自己剪，一樣很好用。我們用烘焙紙鋪在盤子上以防沾黏，也更好清潔。攝氏 232 度以下才能使用烘焙紙，並且不能用直火烘烤；高溫和靠近烘焙用具可能會讓烘焙紙著火。

量杯

一定要有一組量乾燥食材的量杯，和一個液體用的量杯，試試看用液體用量杯量乾的食材，或是用量乾物的量杯量液體，你就會發現這有多痛苦，而且還不精確。金屬量杯比較適合量乾燥食材，而且比較穩固耐用，我們覺得它們也比較好看。而液體用量杯來說，要確保有一個可量 1/4 杯的量杯。你會發現有一個可以量少量的量杯，例如 1 杯，和較大量的量杯，如 4 杯，會順手很多。

42

量匙

　　至少買一組吧，我們再次發現金屬製比塑膠製品質更好。你需要 1/4 茶匙、1/2 茶匙、1 茶匙和 1 湯匙的量匙，有些組合裡還會有 1/8 茶匙、甚至 1/16 茶匙，有些會有 1/2 湯匙的量匙，這些都很不錯但不是必需品。專家級訣竅：如果你有一組以上的量匙，把他們從扣環上拆下來，放進杯子裡，然後放在料理檯面上，就不用再翻遍抽屜才能找到 1/4 茶匙的量匙在哪了。

酷酷的小東西：

> 除了傳統的圓形量匙，現在你還可以找到方形的量匙。這種量匙很適合放進小開口的罐子，像香料罐。

廚房電子秤

　　這個工具被歸類在「酷酷的小東西」類別，你不一定需要它，但我們強烈推薦你買一個，尤其是你即將頻繁地做烘焙。用它量乾燥食材會更快更方便，比起用湯匙放進杯子裡，還要整平食材才能看刻度，你會得到更精確的測量結果。此外，你可以用電子秤確保食物分配平均，例如漢堡排和肉丸，也更好拿捏烹煮程度。花不到台幣 1500 元就可以買到很不錯的電子秤，而且不占空間，我們猜你有了電子秤後會想沒有電子秤的日子是怎麼過的。確定你的電子秤有公制和英制單位（也就是克和盎司）。

　　這本書中我們用到兩種電子秤。有時候我們會用盎司、磅計算食材重量（例如肉類），有些時候會用克（如烘焙材料），因為購物時通常都是這樣標示。在美國，肉的重量以盎司和磅為單位，而杏仁粉這類的食材，包裝上通常都是以克為單位。我們依據這個模式標記，讓購買食材和執行食譜時更輕鬆。

廚房家電

氣炸鍋

我們承認我們比較慢才接受這些相對較新的家電，當我們都買了一個，我們發現自己很常使用它，而且真心喜歡它。氣炸鍋不是真的油炸，裡面有強力風扇，在鍋裡四周送出熱氣，很快就能煮熟，不用很多油也可以讓雞翅這類食物變得酥脆。氣炸鍋非常好上手：先預熱氣炸鍋，把食物放進氣炸鍋裡有洞的單層托盤上，設定好時間就可以開始氣炸，過程中至少要把食物翻面一次。

預熱氣炸鍋需要知道幾點：不是全用同一種方式預熱。有些氣炸鍋有預熱設定，在一定的時間與溫度下進行預熱；其他的就必須你自己預熱，設定一個溫度和指定時間。和烤箱不同，有些氣炸鍋會在預熱結束後關機，你必須再次設定溫度及時間才能開始氣炸。本書食譜中用到氣炸鍋的部分，我們有標示預熱溫度，時間是 5 分鐘，但如果你的氣炸鍋是另一種，就可以隨意調整（如果你不確定的話請參考使用說明書）。如果你的氣炸鍋會在預熱後關機，先確定你的食物準備好了再開始預熱。

3 至 4 人的家庭來說，約 6.6 公升的氣炸鍋就可以滿足大多數需求。如果你的氣炸鍋比較小（小於 3 公升左右或更小），你可能會需要分批處理食譜的步驟，整體烹煮時間可能會變長；如果你的氣炸鍋比較大，就可以減少次數，降低烹煮時間。

如果你沒有氣炸鍋，也不想特地買一個，本書中幾乎全部的食譜都還是可以做，只有要辦法我們都會提供氣炸鍋的替代料理方式。

食物調理機

食物調理機最為人所知的就是可以快速把食物切碎、切丁，但也很適合做沾醬、堅果醬、像香蒜醬的抹醬等等，除此之外，通常也有其他附件工具可以幫你切絲、切片。食物調理機和攪拌機的不同之處是前者更適合混合乾燥食材，後者可以容納較多水分（食物調理機裝太多水就會漏）。如果你還沒有買，我們強烈建議你買一台。大概的尺寸落在 3 杯至 14 杯，一台 8 至 10 杯的調理機就可以處理大多數廚房工作，也適用於本書食譜。如果空間和預算許可，可以考慮買一台小的調理機（約 3 杯至 4 杯），可以是一台桌上型調理機，也可以是手持式攪拌棒的附件（請參考下文）。如果量不多，用大容量的調理機或攪拌機就大材小用，這些小型調理機就可以攪拌調料和醬料。

攪拌機

有桌上型攪拌機和高速攪拌機，你不需要兩種都買，只要有一種就可以輕鬆做濃湯，還有混和醬料、調料、果昔、冰沙等等。有了高速攪拌機（如 Vitamix 的攪拌機），蓋上蓋子就可以混合冷熱液體；桌上型攪拌機的話，混合熱湯時移開上蓋中間的小蓋子，蓋上廚房抹布，就能讓蒸氣散出（不這麼做的話內部壓力會變大，蓋子會飛開，最後你就要從天花板上刮下你的熱湯了）。高速攪拌機比桌上型攪拌機馬力更大，價格也會比較高，如果預算有限，還是可以用桌上型攪拌機做出很棒的料理。

手持式攪拌器

手持式攪拌器是可以入手的廚房設備，但不是太重要，也叫做攪拌棒或手提攪拌器，這個小工具可以讓你在鍋子裡或單柄鍋裡直接打泥，不需要把混合物再倒進另一台攪拌機。廚房櫥櫃就可以放置手持式攪拌器，不太占空間，所以很適合小廚房，而且冷熱混合物都可以用。你可以只買一支手持式攪拌器，或買一個有攪拌棒附件的攪拌器（方便打發奶油或蛋白），和一台小型食物調理機。

慢燉鍋

    這個廚房設備非常受歡迎，因為你可以把食材丟進去、設定、然後走人，一天結束後回到家就可以吃到煮好的餐點，非常省事。慢燉鍋很適合在家自製大骨湯，你的爐台和烤箱都在使用的時候，還可以用慢燉鍋做其他料理，比如準備節日大餐時就用得上。慢燉鍋的尺寸有很多選擇，從 1.6 公升到 2.2 公升（適合醬料保溫）一直到 11 公升的大容量都有。我們發現 6.6 公升的慢燉鍋最萬用，除了可以做一鍋好肉湯，也可以做辣豬肉或手撕豬肉。本書食譜都用 6.6 公升的慢燉鍋。

食物儲藏間

我們稱之為食物儲藏間，裡面當然還有冰箱和冷凍櫃。這裡會列出一些基本的、新鮮或乾燥的備品，準備好就對了。

烹飪用油

我們會針對不同用途使用不同的油脂，要存放一整排的油似乎很困難，但這麼做是比較方便的方法，可以提升你的烹飪品質，讓料理更容易成功。

- **酪梨油**：這是我們在高溫烹調時最喜歡用的油，發煙點很高，約攝氏 271 度，所以各種烹調都可以用，而且風味較溫和。

- **奶油**：大家都說：「加了奶油東西都會更好吃。」這是真的。我們喜歡用無鹽奶油，方便控制調味，可以選用草飼奶油的品牌。奶油很容易燒焦，所以烹煮時要小心（不過慢慢地讓它從棕色變金黃色，散著堅果香氣，真的很迷人）。

- **椰子油**：這種濃厚、美味的油脂，因為富含飽和脂肪而承受很多負面報導；別相信他們。未精煉處理的椰子油在許多文化中被廣泛使用，而且不會造成心臟疾病，拿來煮咖哩、烘焙和任何你不介意出現一點椰子油風味的餐點都很棒。發煙點約在攝氏 176 度，所以如果你要用在爐台料理，最好用在中溫煎炒。

  精煉椰子油的發煙點更高，且沒有椰子味，用途很廣，但我們還是傾向推薦未精煉椰子油。很多製造商的精煉油品都會經過化學程序，我們認為還是不要用，選擇其他油品就好。

- **鴨油／牛脂：**鴨油有濃厚、煙燻風味，搭配炸馬鈴薯就非常美味；用在烘焙也有令人驚喜的效果。牛脂的味道就比較溫和，但作為烹調用脂肪，味道還是很豐富且美味。鴨油的發煙點約在攝氏 187 度，牛脂接近攝氏 204 度，兩者都可以用在不同料理，它們能帶來的豐富性值得讓你收進儲藏間。

  這些動物脂肪從很久以前就在使用，人類已經用了好幾世紀，但現在已經很難在商店找到了（已經被大量加工過的植物油取代，真是讓人遺憾——這些油很容易引起發炎，對你的身體也不好）。你可能可以在高級食材店和健康食品商店找到它們，像全食超市（Whole Foods，美國連鎖超市），或是上網訂購，Epic 是賣這類油的品牌，是不錯的選擇。或者你可以問問常光顧的肉販，通常也可以在農場商店買到動物脂肪，或是農夫市集；請參考如何成為符合預算的肉食者（第 71 頁），有更多採購資訊。

- **酥油：**這是除去牛奶固形物的奶油，比奶油耐受的溫度更高，而且不會燒焦；發煙點約在攝氏 248 度。因為已經除掉牛奶固形物，酥油適合乳糖不耐症的人，但還是不建議對乳製品過敏的人食用。酥油很美味，益於腸道健康，所以用途很廣，而且不需要冷藏。

- **特級初榨橄欖油**：不用說，你一定已經知道橄欖油有益健康。發煙點相對較低，約攝氏 162 度。你可以用它烹調，但最適合低溫至中溫的料理，它不是適合高溫烹調的油品，例如爆炒或煎封。橄欖油也很適合烘焙，帶一點淡淡的鹹味（不用擔心烘焙時的發煙點，因為油已經和其他材料混合了）。橄欖油可用在調料和醬料，或是料理完成後隨意淋一點在食物上，增添風味和健康脂肪。

  專家級訣竅：如果你品嚐橄欖油時，喉嚨深處出現刺刺的胡椒味，可以由此判定橄欖油的品質和新鮮度。

- **烤芝麻油**：嚴格說起來，烤芝麻油不是烹飪用脂肪，它是一種保養用油。烹飪結束後淋一點，能為爆炒類的亞洲風味餐點帶來濃郁風味，或是拌入調料、醬料裡。

- **烹飪噴霧油**：方便拿來幫烤盤、長柄鍋、氣炸鍋烤籃上油，開始烹調前可以均勻地為食物噴上油。可以買橄欖、酪梨或椰子油製成的噴霧油（椰子油噴霧通常會有椰子味，所以購買前要列入考量）；避免使用植物油製成的噴霧，容易引起身體發炎反應。還有，看一下成分標示，確保你的噴霧油沒有推進劑；這種添加劑不利於健康，而且不必要。

  注意：烹飪噴霧油不適用於不沾廚具，可能會破壞不沾塗層。

專家級訣竅：留著培根油

烹煮培根時，把流出來的油倒進杯子裡，放在爐台旁備用。培根油可以用來炒菜、煎蛋——任何需要來點煙燻味的食物都可以，用來烘焙也不錯，可以取代部分奶油。如果不會很快用完，可以把培根油冰在冰箱，但我們發現放在爐台旁邊的話就會很快用完它。

香料、新鮮香草、辛香料

為什麼你會在各個食譜、各處看到這些東西是有原因的：它們是增加餐點風味的關鍵，讓人愉快又滿足。而且，它們剛好充滿營養價值。

香料

想像這些成分是建造菜餚的磚塊，為菜餚注入風味，當然，還有香氣。雖然通常不是菜餚的主角，但如果沒有香料，你一定會很想念它的味道。

- **大蒜**：我們習慣手邊有新鮮大蒜和大蒜粉，不同地方有不同用途。買一整顆大蒜，或是像貝絲一樣，偷懶買整袋剝好皮的蒜瓣。一瓣中型的蒜瓣可以做出一茶匙的蒜末；這本書裡，我們會告訴你蒜瓣的數量和蒜末產量，這樣不管你手上的蒜瓣大小，也可以知道需要多少蒜量。用新鮮大蒜烹飪時要小心火候，如果燒焦了就會產生苦味。

- **薑**：和大蒜一樣，我們手邊也會有新鮮的薑和薑粉。薑粉適合用在烘焙，但炒菜、咖哩、調料、湯和其他菜餚裡，還是沒有任何東西可以取代薑。通常你會在商店裡看到大塊的薑，就買一塊吧，即使你只需要一點點，剩下的就放進可重複使用的夾鏈袋，然後放進冷凍庫，冷凍的薑不需要先解凍，可以直接去皮、切碎使用。

  幫薑去皮最簡單的方法就是用湯匙刮，沿著薑塊用湯匙邊緣反覆刮除，脆弱的外皮就會剝落。如果你的薑冷凍過，就用銳利的削皮刀削皮。

  這本書裡的食譜標示了你需要的薑末和薑蓉量；我們很難告訴你每個食譜需要的薑要多少，因為每塊薑的直徑差異很大。給個參考值，一塊 2.54 公分直徑的薑，大概和你的食指一樣，可以做出滿滿一湯匙的薑末。

- **紅蔥**：我們喜歡這個洋蔥家族裡細緻、溫和、甘美的成員，它們為菜餚增加風味及深度，又比洋蔥溫和（不要誤會，我們很愛洋蔥，只是有時候你會想要這種細緻的風味）。

新鮮香草

　　新鮮香草會帶來明亮的風味和香氣，就像為菜餚抹上鮮豔色彩，是美麗的裝飾品。香草分為兩類：軟質與硬質，可用濕毛巾包住香草放進塑膠袋，存放在冰箱的蔬果保鮮盒裡可以維持得更久一點。羅勒例外，請像對待鮮花一樣對待它：插進水杯裡放在室溫下。以下是一些我們常用的香草。

軟質香草：

- **羅勒**：沙拉中的經典，同時也是傳統青醬的基底。另一種泰國羅勒有紫色的莖，葉片較窄，茴香味較重，我們兩種都喜歡。泰國羅勒不常在商店裡見到，如果你買到了，盡快用完，因為它很快就會壞掉。切碎加進豬肉沙拉或其他碎肉生菜包裡（像第 124 頁），丟進沙拉或拌進咖哩都可以。它比義大利羅勒更強韌一點，所以烹煮時容易維持原型。

- **香菜**：這種香草喜惡程度很兩極。如果你不喜歡（很多不喜歡香菜的人說它味道像肥皂），可能是因為你的嗅覺接收基因有變異，導致你感受到香菜中的某種特定化合物有肥皂的味道。如果是這種情形，或是你單純不喜歡香菜，那就不要加，或是用巴西里取代。

- **蒔蘿**：有了蒔蘿的清爽風味，菜餚也會增添新鮮感，但要小心不要加太多，過多蒔蘿會蓋掉菜餚的風味。如果你有茴香，也不介意來點甘草香，有時也可以用茴香代替蒔蘿。

- **薄荷**：薄荷可以為菜餚增加清涼、獨特的風味。和蒔蘿一樣，加太多也會蓋掉菜餚風味。

- **巴西里**：烹飪時我們喜歡用平葉巴西里，因為比起捲葉巴西里，平葉的風味更鮮明、明亮，而且清洗起來不費力。不過如果你手邊只有捲葉巴西里，當然也可以用。

- **龍蒿：**香味濃烈的龍蒿風味獨特，和甘草很像，所以喜歡與不喜歡的人也很兩極。我們喜歡它鮮明、新鮮的味道，但很容易會加太多，要酌量添加。龍蒿適合和味道溫和的蛋白質搭配，例如貝類、蛋和雞肉。

硬質／木質香草

- **迷迭香：**這種香草獨特的風味和香氣，加在菜餚裡非常美味，而且迷迭香搭配奶油酥餅有畫龍點睛的效果。

- **鼠尾草：**香味刺鼻帶有土味，這種香草香味濃厚，所以加一點就夠了。鼠尾草很適合加在自製香腸肉餅裡，或是當作烤雞、溫熱蔬菜如印度南瓜的調味。專家級訣竅：把鼠尾草葉片用奶油炸到酥脆，就可以當漂亮的餐點裝飾。

- **百里香：**把這株精緻香草整枝塞進雞肚子裡，幫烤蔬菜增添風味或放在魚肉上都可以。也可以試試看加一株百里香在檸檬水裡。

辛香料

變化就是生活的辛香料，對吧？即使你總是一再吃一樣的食物，辛香料也可以幫你改變風味的樣貌，讓你不會厭倦。而且，辛香料能為身體帶來很多好處，它們讓食物變得更好吃，而且富含營養——大自然，謝啦！

以下是我們最常使用的辛香料，但不是通用或必備的清單，只要有一些你喜歡的就好；如果你不確定哪些會是你喜歡的口味，就先從調好的開始，像辣椒粉、咖哩粉、普羅旺斯香料、義大利調味料、中東薩塔香料。這類調好的綜合香料可以給你多層次的調味，不用買很多辛香料或自己瞎猜比例。

而黑胡椒，比起研磨好的我們更喜歡要加的時候再磨，所以我們會買胡椒研磨罐和黑胡椒粒。新鮮的研磨胡椒風味更明顯；此外，大多研磨罐都可以調整，所以你可以根據用途調整胡椒的粗細。

這邊是我們辛香料架上的固定成員：

- 黑胡椒粒
- 卡宴辣椒
- 芹菜籽
- 辣椒粉
- 奇波雷煙燻辣椒粉
- 肉桂，磨好的或肉桂棒
- 香菜，磨好的
- 孜然，磨好的

- 咖哩粉
- 乾燥月桂葉
- 乾燥牛至葉
- 乾燥百里香葉
- 全都要貝果鹽
- 大蒜粉
- 薑粉
- 辣紅椒粉

- 芥末粉
- 洋蔥粉
- 紅辣椒片
- 鼠尾草碎葉
- 煙燻紅椒粉
- 紅椒粉
- 薑黃粉
- 中東薩塔香料

紅椒粉

這個風味鮮明的辛香料為幾個食譜添加了色彩及風味，雖然所有紅椒粉都是乾燥辣椒製成，但還是有不同之處：

- **紅椒粉**：在美國這是最常見的前三種辣椒粉，也是祖母會灑在魔鬼蛋上的那種。注意罐子上可能標示「紅甜椒粉」，大多數只會標「紅椒粉」，其中的陷阱是它本身並不甜，只是味道比較溫和，帶一點水果味和一點點尖銳的苦味。

- **辣紅椒粉**：這種辛辣的匈牙利版辣椒粉，是為菜餚增添多層次辣感的絕佳選擇。如果你想要菜餚再辣一點，可以用辣紅椒粉取代紅椒粉，雖然味道有一點點不同，但也可以用來取代紅辣椒片、卡宴辣椒。

- **煙燻紅椒粉**：帶西班牙風味，由乾燥及煙燻過的甜椒或辣椒製成，為菜餚增添深度與豐富性，特別適合用來醃製肉品，但要記得加一點點就夠了。也被稱為煙燻紅甜椒粉。

鹽

本書中大部分食物都是用細海鹽。我們最喜歡 Redmond 的鑽石鹽海鹽，風味絕佳而且富含礦物質。你可以選自己喜歡的鹽，只要確保是未精製的礦物鹽就好。含碘食鹽是高度加工品，許多礦物質都已經被剔除。從 1920 年代起，為了防止甲狀腺腫大的危機，碘廣泛地被添加到食鹽裡，但是如果你經常吃蛋和海鮮，就能攝取到足量碘，不需要額外添加到食鹽裡。

你會在幾個食譜中看到片狀海鹽，菜餚完成後灑一點在上面，這些較大的碎片可以為菜餚增添酥脆的鹽味衝擊，不管是鹹味還是甜食都能完美地融合（例如牛排或餅乾）。馬爾頓（Maldon）是知名品牌，容易買到而且品質很好。

需要鹽水浸泡的步驟我們會用猶太鹽。鹽漬需要大量鹽，但大部分都不會進入食物裡；猶太鹽是粗粒，用一點點就可以讓水變鹹，比起用大量細海鹽，這麼做更有效率也更省錢。如果你要煮馬鈴薯或義大利麵，就可以用猶太鹽做鹽水。我們也喜歡在廚房裡放一盒猶太鹽，清洗鑄鐵煎鍋時可以用。

牛奶與優格

你可以用乳製品或植物奶的乳品、鮮奶油和優格，依據個人喜好。如果你用非乳製品，確保你選擇的商品風味和濃厚度都和乳製品差不多。例如說，罐頭椰漿濃稠且濃郁，像鮮奶油；米漿口感較稀且甜，像脫脂牛奶；杏仁奶則是兩者中間。如果你用植物奶，記得確認成分標籤上有沒有額外添加甜味劑或香草這類香料。

專家級訣竅：很常有「原味」植物奶已經添加甜味，所以要找標籤上特別標示「不加糖」。避免挑選添加可能有問題的添加劑，如卡拉膠。很多都含有穩定劑，如關華豆膠；只要你沒有不耐受反應，這些都可以。

麵粉

本書中所有食譜都不含精緻麵粉和麩質，我們用以下這些麵粉取代：

• **杏仁粉：**純粹磨好的杏仁，我們喜歡去皮杏仁粉，就是除去杏仁外皮的杏仁，因為可以製出更清爽、蓬鬆的成品。

• **葛根粉：**這種粉狀澱粉和玉米澱粉很像，但無麩質。你可以用它來勾芡醬料，和杏仁混合烘烤，或加入其他麵粉讓質地清爽。

• **木薯粉：**所有無麩質麵粉中和中筋麵粉最相近的一種，如果你是無麩質烘焙的新手，木薯粉很適合起步。它味道溫和，效果和小麥麵粉相似，但吸水性比中筋麵粉強，所以不能用1:1比例替換。為了做出最好的成品，我們建議烘焙原料都要秤重，尤其是木薯粉，只要有一點過量就會毀了成品。

• **椰子粉：**乾燥椰子果肉製成，椰子粉吸水性非常好，只要一點點就夠了。一個食譜可能只要 1 至 2 湯匙的椰子粉，和看起來很多的水量，別被嚇到了。記得杏仁粉和椰子粉不能互換。

- **燕麥粉**：雖然本書食譜大多數都用無麩質，我們仍然破例用了碾碎燕麥製成的燕麥粉。就像燕麥，燕麥粉也帶一點甜味，風味溫和，可以幫零食、烘焙品增大體積和塑型。

- **預拌原始飲食烘焙粉或無麩質混合粉**：我們發現無麩質混合粉通常都可以做出質地清爽、顆粒均勻的成品，很幸運地，現在可以買到預拌好的混合粉。我們喜歡鮑伯紅磨坊（Bob's Red Mill）的原始飲食烘焙粉，是由杏仁、葛根、椰子、木薯混合的無麩質粉。為了方便替換中筋麵粉，手邊有這種無麩質混和粉更好（注意這些原材料可不是無麩質），而鮑伯紅磨坊救了我們；它的無麩質通用麵粉是米粉和馬鈴薯澱粉混合而成，一樣可以完美達成任務。

  預拌粉是很方便的選項（只是可能比較貴），不用自己猜要選擇哪一種替代粉，或為了達到理想成果，自己混合各種麵粉。只是要注意，雖然無麩質混合麵粉通常可以代替通用麵粉，但原始飲食烘焙粉預拌粉不行。如果你想要原始飲食烘焙粉的食譜，我們建議去找專門為原始飲食烘焙粉設計的食譜，而不是直接取代一般食譜中的麵粉。

罐頭食品

我們都會有這些罐頭食品庫存：

- 椰漿和椰奶（注意：我們都用無加糖、全脂的椰漿和椰奶；我們發現這兩樣做出來的質地最好）

- 切塊番茄（最好是火烤去皮）

- 魚（沙丁魚、鮪魚、野生捕撈鮭魚）

- 橄欖（綠橄欖如西西里綠橄欖、希臘橄欖和成熟黑橄欖）

鯷魚

鯷魚就像天上掉下來的禮物，牠們帶著海水鹹味，風味絕佳，而且營養充沛，富含 omega-3 脂肪、鈣質、維生素 K、蛋白質。鯷魚是永續漁業，含汞量低。依據個人喜好，你可以買錫箔裝或罐裝，都很好買到，但記得買橄欖油成分，不要買植物油成分。油炒時鯷魚會融化，只留下濃郁的鹹味。

罐頭奇波雷阿斗波辣椒醬

奇波雷是煙燻墨西哥辣椒，阿斗波醬是一種濃稠、濃厚的醬料，傳統做法是各種乾燥辣椒製成。大多數超市都有賣罐頭奇波雷阿斗波辣椒醬。和一般的煙燻墨西哥辣椒一樣，辣度都是從種子和辣椒內部組織來的，所以如果你不要食物這麼辣，可以除去這些辣度來源。

如果你打開罐頭，但只用了一點，剩下的可以冷凍起來。把辣椒和醬汁分開凍在冰塊盒裡，冷凍後再把它們倒出來，放進夾鏈袋裡冰到冷凍庫（冰塊盒會吸附味道，你可以準備一個專屬冰辣椒的冰塊盒）。

番茄糊

我們的冰箱裡一定有番茄糊，已經煮熟、濃縮、濾掉番茄籽和皮。它可以為菜餚帶來明亮的風味、酸度和濃厚的鮮味，特別是和一些油脂一起烹煮，焦糖化後會更美味。比起罐頭或罐裝，我們更喜歡管狀；我們發現管狀更好用，而且大多數食譜只需要 1 到 2 湯匙。只要你開了罐頭，就要想辦法處理剩餘的番茄糊，而且罐裝的開口通常很小，很難用湯匙測量份量。

如果你有剩下的罐頭糊，沒有馬上要用掉，可以先用冰塊盒冷凍起來，然後倒出冷凍的番茄塊，再放進夾鏈袋冷凍。和奇波雷辣椒醬一樣，番茄糊會讓冰塊盒染上味道，所以如果你打算這麼做，最好留一個冰塊盒專門拿來凍番茄糊。

調味料與調味品

　　這些調味品可以灑在食物上，或是加幾湯匙在菜餚裡增添風味，也可以拿來做醬料和調料。我們習慣手邊有各種調味料和調味品，可以為各種菜餚加強風味。

椰子氨基醬油

　　由椰子樹汁製成，椰子氨基醬油是醬油的絕佳替代品，它比醬油甜一點，鹹度低一點，所以要酌量為食物調味。除了用於亞洲菜，也可以為調料、醬料增添微妙的甜味及鮮味。

哈里薩辣醬

　　這是一種中東／北非的辣椒醬，如果你喜歡吃辣，家裡冰箱很值得放上一罐。哈里薩通常由紅辣椒、大蒜、橄欖油混合而成，有些會加孜然和香菜。它的用途很多：可以拿來調味醃料、湯品、醬料、沾醬或米飯，或是單純當作調味料。挖幾匙哈里薩放在菲達起司上，然後淋上橄欖油，馬上就多一道開胃菜。哈里薩辣醬有罐裝、管裝，選你喜歡的包裝即可。

辣醬

不是每個人都喜歡辣醬，如果你不喜歡，可以選擇忽略這一段。以下是我們最常用的辣醬：

- Buyo 辣醬

- 嬌露辣（Cholula）

- Frank's 經典辣椒醬（Frank's RedHot）

- 皮卡佩帕醬（Pickapeppa Sauce）

- 是拉差辣椒醬（Sriracha sauce）

味醂

味醂是一種適合烹飪的亞洲米酒，和清酒有點像，但味道更溫和，帶一點點甜味。很適合做調料、醬料和醃料。

醋

這幾種醋都可以派上用場，只是淋上不同的醋就可以改變調料或醬料的味道。這些是我們喜歡用的幾種醋：

- 蘋果醋（挑選未加工、含「醋母」的，看起來較混濁。聽起來很怪，但醋母就是含酵素和益菌的蛋白質結構）

- 巴薩米克醋

- 蒸餾白醋

- 米醋（我們用未調味的，以免額外添加糖）

- 雪莉醋

- 白酒醋

堅果、種子和堅果種子醬

我們習慣手邊有各種堅果和種子，可以拿來做零食、烘焙和烹飪，例如加一點在魚或雞肉的裹粉裡。堅果種子醬是烘焙、醬料和蘋果片上必撒、不可或缺的東西（好吧，讓我們誠實點，還會把湯匙舔乾淨的那種美味醬料）。如果你買烘烤過的堅果或種子，要確定它們是乾烤過的，有些通常會用植物油烘烤，例如葵花油或芥花油，非常容易引發炎症反應。你去購買堅果或種子醬時，要選無糖和不加穩定劑的，例如棕櫚油。還要買無鹽的，這樣才好控制調味，但也可能買不到。如果只有加鹽的堅果或種子醬，烹煮前先吃看看，這樣你才知道還要加多少鹽進菜餚裡。不管是有顆粒還是滑順口感，都依照你的使用習慣和口味就可以了。

這些是我們通常會用的：

• 杏仁，切片或整顆

• 胡桃

• 核桃

• 大麻籽（或稱脫殼大麻籽仁）

• 芝麻籽，黑芝麻或白芝麻，生的或烘烤過的

• 帶殼葵花籽，生的、乾烤、加鹽的

• 杏仁醬

• 腰果醬

• 中東芝麻醬（Tahini）和葵花籽醬（都不含堅果）

• 不加糖的椰絲（你知道嚴格來說椰子不是堅果嗎？以植物學角度，它應該被歸類成水果或種子）

甜味劑

零食對我們兩個來說都是必需品，但我們努力不要太過分。讓零食不要危害健康的辦法，就是用天然的甜味劑，盡可能不要精煉過，不是這樣就可以隨心所欲地大吃甜食，不好意思，糖還是糖，但是我們還是需要偶一為之的零食，和添加甜味來平衡醬料、調料，以下這些是我們經常用的甜味劑：

- 椰糖

- 楓糖（顯然是因為艾許萊是加拿大人）

- 糖蜜

- 羅漢果

- 生蜂蜜（一定要買未經高溫消毒的，這樣酵素才能完整保留下來）

- 甜菊糖

其他雜項

其他我們手邊固定會有的東西：

- **泡打粉和小蘇打**：兩者都是化學酵母，不能互相替代，就用食譜要求的那一款。

- **豬皮粉（Pork panko）**：壓碎的豬皮製成，麵包粉的絕佳替代品。你也可以自製，只要用食物處理機壓碎豬皮，直到他們變成精細、片狀的碎屑即可，大約 70 克袋裝的豬皮就可以做出一大杯粉。我們喜歡買做好的粉，不但省事，而且比起我們自己做的，大小顆粒更均勻。我們最喜歡的牌子是 Bacon's Heir，品質最好，質地也最均勻，味道最細膩。

- **香草精**：買純的香草精，不要仿香料，味道沒有這麼好。

了解你的蛋白質

關於烹飪，我們最最喜歡的事就是永遠有學不完的新知。結合不同的技術、不同的風味，即使是世界上最有經驗的主廚，也會經常探索更多、更好的烹飪方法。

縱使你一直以來都在烹煮蛋白質，我們仍有信心，你會在這裡找到有用的資訊。我們與牛肉和豬肉、海鮮、禽類和蛋、野味和內臟的各方專家討論，他們都慷慨地和我們分享知識。

牛肉和豬肉專家

- 萊恩・法爾（Ryan Farr），舊金山 4505 Meats 餐廳的創始人，那是一間專門販賣全動物肉品、致力於永續經營的公司；他是 4505 Burgers 和 BBQ 餐廳的老闆；《野獸屠宰場：牛肉、羊肉、豬肉的全視覺指南》（*Whole Beast Butchery: The Complete Visual Guide to Beef, Lamb, and Pork*，暫譯）的作者

- 麥可・薩爾格羅（Mike Salguero），肉類品牌 ButcherBox 的創辦人與執行長

你需要知道的事：

- **把肉拍乾。** 薩爾格羅說很多人都怕處理肉類，所以他們會把肉拿出來，然後直接放到平底鍋上。但烹煮前先把肉拍乾是很重要的步驟，這樣可以讓肉和平底鍋（或烤肉架）接觸面積更大，液體越少意味著蒸氣越少，煎封會煎得更好。

- **溫度、溫度。** 烹煮前讓肉待在室溫下，不要直接從冰箱裡拿出來啪一聲放在烤肉架上或煎鍋上，室溫靜置可以煮得更均勻。根據這個建議，你會發現我們要求烹煮前把紅肉（包括野味）從冰箱裡拿出來，至少靜置 30 分鐘，讓肉回溫。

- **別怕加鹽。** 如果你用品質好的礦物鹽（請參考第 54 頁關於鹽的部分），它不會危害你的健康，勇敢調味是做出美味肉品的關鍵。除了加一點鹹味，鹽還會放大食物本身的味道，所以你的牛排吃起來肉味更強烈、更美味，多虧了鹽。法爾建議回溫前加鹽，烹煮前直接加上其他調味品。如果你忘了也別擔心，你可以在烹煮前直接調味，還是可以吃到美味的肉，只要你加夠鹽。

- **擁抱熱度**。開始烹煮前，確保你的烤肉架或平底鍋夠熱。如果烤肉架或平底鍋不夠熱，肉就很容易沾黏。而且，你也需要足夠高溫，才能在表面做出漂亮、深刻的煎封。煎封可以將肉做出令人滿意的外殼，帶來豐富、可口的焦糖化風味。在爐台上用高溫加熱煎鍋幾分鐘，然後加一點點油。油應該會帶有光澤，表示已經夠熱了（別讓油發煙——這個提醒會經常出現在食譜上，油發煙表示正在分解，會影響風味，導致油釋出有害物質，可能對健康造成不良影響。如果你的油開始發煙，把平底鍋從熱源上移開，冷卻後擦掉，然後重新開始）。以烤肉架來說，如果你無法把手放在架子上方 1 至 2 秒，就表示已經夠熱了。

- **豬肉不該被視為白肉**。很多年前，豬肉曾被行銷為「另一種白肉」，而且如果你把豬肉煮到變白，可能已經太乾、咬不動了。豬肉煮到中心變成淡粉紅就好，可以用肉品溫度計測到精確溫度，中心溫度應該在攝氏 62 度。

- **吃之前先放一下**。煮好之後讓肉在砧板上放一會，大概 5 分鐘左右，可以讓肉汁重新回到肉的纖維裡。如果你切下去，蒸氣或肉汁跑出來，表示你太快切了，這樣只會吃到乾柴的肉，法爾這樣說。

- **好好切肉**。有時候食譜會教你要順著「紋理」切肉，意思是肌肉纖維的排列方式。某些部位（像腹斜部這種纖維比較長的牛排）比其他部位（如菲力這種瘦肉的部位）比較容易看到紋理，肉類烹煮前又更容易看到紋理。你會希望可以切斷紋理，而不是順著紋理切，切斷紋理可以讓纖維變短，讓肉更軟嫩，更好咀嚼。注意，某些部位，如肋眼，紋理會根據不同部位朝著不同方向。根據紋理排列方式切牛排，每一片都要逆紋切。

要問肉販的事

- **精確點**。去找肉販之前，先對你的各種變因有基本概念，例如烹煮方法、烹煮時間。然後，與其問這些問題：「今天有什麼推薦？」或「有推薦的羊肉煮法嗎？」不如給他們資訊：「我有兩個小時的準備時間，要煮四人份的餐點，我想用烤的，羊排是好選擇嗎？」大多數肉販都很樂於分享，有一些基本資訊，他們就能告訴你更有效率的方法。

- **詢問來源**。你知道的，有被好好飼養的動物吃天然飲食、可以自由移動和吃草，牠們就會更健康、更快樂，對我們和地球來說也更好。考量到這一點，問問肉販你買的肉來源是哪裡、飼養方法是什麼、吃什麼長大、有沒有其他動物福利，這麼問肯定是個好主意，薩爾格羅說（如果你的肉品來源是只賣再生飼養的肉類，就可以跳過這步驟）。即使100% 放牧及草飼的肉類超過你的預算，還是有很多不同等級的動物福利可以關心，所以了解越多資訊越好。

- **勇於創新的方式**。如果你總是喜歡買同一個部位，很值得問肉販不同部位的肉（如果你想買草飼肉，但價格太高，可以問更經濟實惠的部位，例如肩胛肉）。我們和大家一樣喜歡肋眼，但上後腰嫩蓋仔肉（就是沙朗）也很美味，而且風味絕佳。告訴肉販你平常喜歡的口味，然後尋求意見。

海鮮專家

- 約翰・艾迪斯（John Addis），他是 Fish Tales（布魯克林魚商）的老闆，烹飪秀《Throwdown with Bobby Flay》的選手

你需要知道的事：

- **買當地食材**。如果你的所在地有魚販，建議就在當地買，即使繞遠路也沒關係，可以買到更新鮮的魚貨，和超市相比選擇也更多。

- **魚不應該有魚腥味**。沒有魚腥味是新鮮指標，直接問魚販能不能聞聞你想買的魚，問他魚的產地和進貨時間。

- **放大你的味蕾**。如果你固定只買一到兩種魚，試試看別種吧。告訴魚販你習慣買的魚，尋求他的建議，也問問不同魚的風味和口感。魚販會告訴你當天最推薦的魚，並告訴你怎麼烹煮。

- **軟體動物的殼應該緊閉**。如果你買蛤蠣或貽貝，仔細看看，每一個的殼應該都是關緊的（或是輕敲後快速關緊），殼應該要完整無損。

- **肥美的魚更耐凍**。冷凍魚解凍後，水分會離開魚肉，肥美魚的脂肪解凍後可以留住魚的水分，例如銀鱈、野生鮭魚。買冷凍魚時，選擇脂肪較多的魚種，口感會更好。盡量還是吃新鮮的低脂肪魚，像鰈魚和比目魚。

- **眼睛之外的重點**。如果你買整尾魚，清澈的眼睛是新鮮指標。最好買鰓板是酒紅色、看起來濕潤的魚（請魚販稍微打開鰓板，你就可以檢查看看）。如果冰碰到魚眼就會變得混濁，你可能會覺得魚不夠新鮮，所以只要有疑慮，確認鰓板就對了。

- **星期一的魚可能新鮮、也可能不新鮮**。傳統觀點是，星期天商店裡的魚可能已經過了一個週末，不新鮮了。這根據你住哪而定，不一定是真的，問問魚販什麼時候進魚貨吧。

- **魚不一定很貴**。風味豐富、可口的魚也有平價選擇，因為供應量充足。鮭魚、鯖魚、金頭鯛、異黑鯛都是比較平價的選項。

- **不要煮過頭**。根據魚的類型，一分熟或三分熟就可以了，或是煮到魚肉剝落。魚肉煮過頭就會變乾、變硬，和其他蛋白質一樣。

雞肉與蛋

專家：

- 珍妮弗・格雷格（Jennifer Gregg），Vital Farms 公司營運副總裁

- 潔絲・卡斯洛（Jess Coslow），石倉食物農業中心（Stone Barns Center for Food and Agriculture）負責家禽專案的家禽經理

你需要知道的事：

- **雞可不是吃素的。** 當你看到成分標上寫「全素飼養」，要當心了。最適合雞的飲食，也就是會產出最健康的雞肉和蛋，是很雜食的飲食，包括草、蟲、幼蟲和蠕蟲，牠們吃草也吃穀物，卡斯洛這樣說。

- **找出更好的禽肉。** 如果你能找到牧場飼養的雞，值得一買。這樣的肉質更好吃，富含鐵、維生素 E 和維生素 D，也會比非牧場飼養禽類含有更多 omega-3 脂肪。牧場飼養母雞產出的蛋含有 omega-3 脂肪、維生素 E 和維生素 A。所以，雖然牧場飼養雞和雞蛋比較貴，有時要買到它們代表你還要繞遠路，但絕對值得花這個錢、走這趟路。

- **問問你的供應商。** 問肉販或農夫市集的賣家關於雞肉的事：他們的飼養方式、吃什麼、烹煮技巧等等。如果你習慣煮無骨、無皮的雞胸肉，你想拓展到有皮的大腿或全雞（我們非常鼓勵你這麼做），你的供應商應該會有不錯的食譜或祕訣可以和你分享。

- **不要沖洗雞肉。** 清洗雞肉這個步驟有時會出現在食譜上（當然不是這本食譜），但其實不需要，這麼做是完全背道而馳。背後的意思是要洗掉細菌，但用正確的溫度烹煮就可以殺死所有病原體了。你清洗雞肉的同時，會把水花濺到水槽、檯面、你的手、你的廚房抹布，造成交叉感染的危險。只要簡單用廚房紙巾把雞肉徹底拍乾就好。

- **用鹽醃雞肉**。本書裡我們用兩種醃漬法，一種乾醃法（帶皮雞肉）一種濕醃法（無皮肉）。兩種都可以完美地浸入風味並保持外皮酥脆。

- **了解蛋標**。放牧蛋是黃金標準，但如果買不到或是超出預算，以下是格雷格從最喜歡到最不喜歡的排行（但還是值得一提的是，即使是排名最後的蛋，也是很健康的蛋白質來源）：第一是人道農場動物保健機構認證（該組織符合嚴格的第三方動物福利標準），第二是放山蛋（可以離開禽舍的禽類所產），第三是非籠養蛋（非關在籠子裡的禽類），最後是傳統飼養。如果你沒看到放牧蛋，買得到有機雞蛋也可以，也就是蛋標上不僅有註明禽類飼料不含合成農藥與基改生物，而且禽類整年都可以走到戶外（天氣允許的話）。

- **蛋殼顏色不重要**。棕色蛋沒有比較「天然」，白色蛋也沒有經過漂白或其他處理；蛋殼不能代表任何蛋的營養成分。決定蛋殼顏色的是蛋雞的耳垂。對，你沒看錯，就是牠的耳垂，品種如伊莎褐雞（棕色蛋）、阿拉卡納雞（藍色蛋）、海藍蛋雞（白色蛋）。

- **雙蛋黃也可以放心吃**。雙蛋黃表示這顆蛋是年輕蛋雞所產。年輕蛋雞的生育系統還沒完全發育好（就像年輕女性的月經週期也要花一些時間才能調整規律一樣），所以更可能產出雙蛋黃的蛋，格雷格說。如果你買了一箱蛋，所有蛋都有雙蛋黃，很可能是一群年輕蛋雞所產，我們不好說這是不是幸運的代表（雖然我們喜歡這麼想）。

- **蛋裡的血點也絕對安全**。如果你在蛋裡看到一個血點，很可能是母雞受到驚嚇，血管在蛋裡爆裂了。你可以挑出它，或直接攪進去都沒關係，可以安心食用。

- **在美國你會需要把蛋冷藏**。貝絲的姻親住在墨西哥，他們都把蛋放在料理檯面上，在歐洲也是很平常的事。但在美國這麼做可不安全，格雷格這樣建議。蛋殼是多孔狀的，產出蛋的過程中，母雞會產出保護膜塗層在上面，也就是「薄膜」。在美國，工廠都被要求要清洗蛋，這麼做會除掉外層的薄膜，所以放進冰箱是必要的，以隔絕病原體。為了讓蛋的新鮮期更久，把蛋放在冰箱架子的後面，不要放在冰箱門上，因為那裡的溫度起伏太大了。

野味

專家：

- 亞利安・達奎茵（Ariane Daguin），達特尼安（D'Artagnan）餐廳創辦人

- 布莉・凡・史考特（Bri Van Scotter），《全野味烹飪書》（*Complete Wild Game Cookbook*，暫譯）作者

你需要知道的事：

- 狩獵動物也有季節，因為狩獵動物會依據季節而有不同的經歷，肉質也會依據狩獵的時間而不同。舉例來說，如果在春天捕獲野生綠頭鴨，肉質就會很鮮嫩，因為鴨還很年輕且食物充足。如果在冬天，禽類就會變老，必須更努力才能找到食物，所以肉質會很緊實，更美味但甜度較低。（備註：農場飼養的狩獵動物和禽類，像野牛、部分鹿肉，可能變動就不大。）

- 肉質不同，狩獵動物通常會比圈養的更精瘦，而且很多都吃了各式不同的食物，不像圈養動物，通常都吃一樣的飲食。肉的顏色通常會比圈養動物深，因為狩獵動物更需要移動，承受更多壓力，如捕食者和必須找到食物的需求。

- 野禽種類很多。野禽的脂肪等級和其他野味有很大的區別，隨後會影響到你烹煮牠們的方式，還有你要添加多少額外的脂肪。而鴨肉和鵝肉的脂肪含量較高，野雞和鵪鶉肉就非常低。

- 小心烹煮野味。即使是圈養野味也會比一般肉類精瘦，所以熟得很快，肉質也會乾得很快。達奎茵建議用非常燙的平底鍋煎封野味鎖住肉汁，把肉留在比較鮮嫩的時候。而鴨肉和鵝肉，凡・史考特建議從禽類肉質裡提出油脂，可以用來烹煮肉類。割開外皮，用低溫慢煮逼出油脂，然後轉高溫煎封肉。較精瘦的禽類，可大膽放烹飪用油，烹煮時頻繁地用油脂或培根塗抹、包裹野味肉，她說。沒有添加油脂的話，精瘦的野味禽類會乾掉，而且肉質變硬。

- 從買得到的野味開始。如果你從來沒有煮過、甚至沒吃過野味，就從經常食用的類似肉質開始。達奎茵建議鵪鶉肉，因為鵪鶉肉質較為中性。從這裡開始，你可以再試試鴨肉或乳鴿（可以在第 112 頁、第 118 頁、第 140 頁找到鴨肉食譜）；兩者都是禽類，所以處理方式很相似，但肉和牛排很像，所以最好也是三分熟，就

更相似了。此外，鴨肉味道濃郁且多汁，沒有強烈的野味味道，通常是大眾容易接受的口味。另一個選擇是從碎肉開始，找找冷凍區或問肉販有沒有野牛、麋鹿、鹿肉、或其他野味的碎肉。

- 關於牛肉或豬肉的注意事項也通用。回溫野味，大膽調味，煮好後靜置，就像你煮飼養肉一樣。

下水

專家：

- 艾許萊・萬霍頓（Ashleigh VanHouten），《拿出勇氣來》（*It Takes Guts*，暫譯）的作者（也是本書的共同作者）

你需要知道的事：

- 下水就是器官與其他部位。下水包括一隻動物所有可以吃的部位，除了一般我們常吃的肉塊部位：器官（例如肝、心、腎、胰臟、肚片）、血、髓、腱和小塊肉，如舌頭。打從這個星球有人類，下水就一直是人類的心頭好。

- 它能給你最多、最好的養分，內臟肉和下水都是動物體內營養最密集的地方，這裡所有維生素、礦物質、養分的濃度都更高，能讓肉塊部位更健康，而且通常花費更少。例如說，骨頭裡的膠原蛋白、髓、膠質（還有骨汁）都富含胺基酸（是我們身體構造的磚石），還有支撐骨頭、生長組織、抗發炎的維生素及礦物質。心是一塊有肌肉的器官，所以它有大多數我們習慣的牛肉質地，含有高濃度有效的抗氧化劑 CoQ10，還有 B12、鐵、蛋白質。每種動物的心都有獨特的風味，而且都很美味（可以參考第 252 頁我們的烤牛心）。

- 它遠比你想的吃法更多而且更容易買到。雖然大多數人心裡一想到器官肉類，就會馬上想到肝配洋蔥，但這道我們都熟悉的菜餚之後，還有廣闊的美味天地。如果你覺得下水的口感和氣味很噁心，我們通常會建議從「心」著手（雞、鴨、羊）。心的養分密集，但味道和口感都很熟悉，購買的途徑也有很多種。我們建議在你很喜歡的食物中加入額外的養分，也就是在你喜歡的菜餚裡「藏」進器官：例如說，請肉販幫你以 4:1 的比例絞入牛肉和內臟，可以做漢堡、肉丸、香腸，或烘焙時加入生膠質或乾燥的肝。

- 先試試看吧。如果你好奇器官和下水肉，但又被烹煮它們的畫面嚇到了，也沒把握你會喜歡吃，不妨先去在地餐廳，點一些胰臟、牛舌墨西哥捲餅（經典墨西哥口味）、越南河粉（越南湯頭加器官和肚片）或牛肚湯（波多黎各燉湯加肚片）。找出你最喜歡的風味和料理方式，可以幫你找到準備煮下水時從哪裡著手比較好。

- 找出品質最好的地方。就像和其他動物蛋白（或食物）一樣，你會想找到最新鮮、品質好的部位，最好是來自在地牧場。如果你夠幸運，附近就有農夫市集或肉店，和這些供應商交交朋友，更了解他們的肉品——從哪裡來、如何飼養、餵食、屠宰及最後處理。大多數專家都會很樂於分享這些細節。

- 留下時間備料。一般來說，備料包括切除所有硬脂肪、軟骨或隔膜，部分情況下還需要浸泡在冷鹽水下，才能進一步除去雜質。有些食譜會要求用檸檬汁或牛奶浸泡肝或腎，降低原本的味道，但我們不認為這是必要流程（不管怎樣肝都要吃起來像肝吧）。

- 別害怕。錯誤觀念是吃內臟肉本身就比其他動物蛋白危險。但如果你找到品質好的肉，根據適當的處理方法來備料、烹煮、儲藏這些部位，就沒有證據能說吃內臟比其他部位危險。

- 從小處著手。你可以隨意或簡單地處理器官肉，就像對其他食材一樣。儘管肯定還有更高層級的處理方式，但你不需要做這些。你可以在15分鐘內直接完成雞肝肉醬；在碎牛肉裡拌入一些肝，做你平常就做的簡易漢堡；平底鍋煎雞心，然後把它們丟進沙拉裡，所需時間比炒蛋還少。

- 關於內臟／器官肉，沒有「極限」或「超出界線」這回事。綜觀歷史直至今日，數百萬計的人享受把動物從鼻子到尾巴吃個透徹，為了烹煮樂趣和健康益處。我們理解如果你不是從小吃這些長大，這些食物似乎有點奇怪，但它們不過是你愛吃的同一種動物肉的不同部位而已，注意我們說的永續性就是要好好利用整隻動物。要記得，對你來說新的、不熟悉的東西，不代表是壞東西。在這個情況下，對內臟敞開心房可以帶你進入營養密集、美味食物及提升健康的嶄新世界。

如何成為符合預算的肉食者？

　　動物蛋白很貴，無庸置疑，當然也可以很便宜，只是便宜的動物蛋白通常不是最好的食物選擇。如果你有固定收入，還是無法負擔一天三餐都吃 100% 草飼肋眼和野生捕撈鮭魚，你該怎麼辦？

　　還好，你還有很多選擇。當便宜的東西對你來說成本還是太高（或是你附近買不到），還有無數方法可以取代高品質動物蛋白。

　　馬上就有好消息：高品質蛋白吃得越多，你對垃圾食物的胃口就越小。光這一點就能幫你省下很多錢。

　　看起來就只是一包洋芋片或只是一瓶汽水，這些像食物的東西往往比更優質的食物來得便宜，而這些小小的、毫無營養的採買累積起來，甚至讓你不會意識到花了多少錢在這些東西上。直接用更健康的食物把它們擠出去，例如肉，就可能長久地維持在預算之內。幾年前，貝絲輔導一位客戶，她對貝絲推薦的購物清單上那些「昂貴的東西」很遲疑，但把所有垃圾食物刪除後，她發現食物帳單的金額真的變低了。而且那位客戶的身體感覺、整個人看起來都變更好了，雙贏！

　　除了省下不買垃圾食物的錢，以下還有能省下動物蛋白經費的方法。

上網買（以下為英文網站）

　　過去幾年，線上購買蛋白的來源增加許多，對你還說可是好消息，因為你可以好好挑選。有些有長期訂購服務，根據店家提供的服務內容，和你想訂購的頻率，可以選擇數週或每個月收到一箱食物，大多數都有各種尺寸，可以根據你的需求訂購。有些提供你自行選擇的客製化內容，或可以讓供應商幫你挑選。有些公司沒有長期訂購服務，依照需求放進購物車即可。

　　大多數線上公司都有牛肉以外的選項；你可以買到海鮮、豬肉、禽肉、野味，如野牛、鹿肉、器官肉、骨汁等等。

　　下面這些是我們最喜歡的線上供應商，根據你的居住地，可能有在你附近和當地牧場合作的服務。

- **ButcherBox**　www.butcherbox.com

- **Crowd Cow**　www.crowdcow.com

- **D'Artagnan**　www.dartagnan.com

- **Porter Road**　porterroad.com

- **US Wellness Meats**　grasslandbeef.com

- **Walden Local Meat**（**Northeastern U.S.**）　waldenlocalmeat.com

　　我們建議至少試試看讓供應商幫你配貨，如果有這個服務的話（有些可以讓你設定一些篩選值，這樣你就不會收到一箱全都是你不想要的東西）。如果你敞開心房接受，這個驚喜元素真的很有趣。而且，可以強迫自己學著如何烹煮從來沒煮過的部位，你很可能會開發出新的喜好。

在農夫市集及農夫商店購買

　　或許你已經在當地的農夫市集買東西——如果是的話太好了。農夫市集是當地絕佳的食物來源，通常也提供永續飼養法的蛋白質。早點去市集，這樣就會有更多選擇。如果你住在沿海地區，就可以買到魚。其他市集會有禽肉、牛肉、羊肉、蛋、牛奶、起司，有時候會有內臟和骨汁，有些甚至會有新鮮捕獵到的野味。

　　如果你住在靠近農場的鄉村或近郊，可以去農場商店，這可能是藏有超低成本但超棒食物的金礦。農產品是肯定有的，但農場商店也是新鮮或冷凍肉的絕佳來源，還會有少量起司和豬肉製品、骨汁、內臟等等。因為沒有中盤商抽一手，價格可能出乎意料地合理。

買非熱門或通常較便宜的部位

　　無骨、去皮的雞胸、沙朗和肋眼牛排、無骨豬排、野生捕撈鮭魚，這些都是大眾喜歡的商品，但因為這些部位都很熱門，需求高，價格自然就高。

　　如果你預算有限，最簡單的省錢方式就是買其他商品。帶骨、帶皮的雞腿，羊肩取代小羊排，鯖魚、鯛魚取代鮭魚，世界上有很多較便宜的蛋白質，味道和貴的一樣好（如果不是更好的話）。請翻閱「了解你的蛋白質」一章（第 62 頁至第 70 頁），看看專家們推薦哪些比較少人知道的選擇，還有我們的推薦。

　　你也可以花錢在大家熟知且通常較便宜的部位。全雞、排骨、上肩肉、絞肉和禽肉、較平面的牛肉部位（橫隔膜與側腹橫肌肉）、牛胸肉、腱子肉——肉有很多部位都香氣濃郁且富含營養，對荷包也更友善。

　　本書食譜用了很多不同部位的肉，就是這個原因，我們大多數人不想靠抵押房子才能吃到晚餐。所以儘管我們提供一些特殊場合的食譜，我們也想讓你知道，可以用不同動物的不同部位做出令人滿意的菜餚。

買特價品、多囤貨

　　蛋白質會腐壞，所以快到期的時候，商家就會降價以求售出，這就是囤貨的絕佳時機。買回家凍起來，或是這幾天就煮來吃，或是煮多一點然後冷凍。例如說，你可以買幾磅的牛絞肉，用鹽和胡椒調味後煮好，算好每餐你需要的份量，然後分裝冷凍起來。不只可以省下購買肉的預算，之後也可以簡單弄出一餐，當你特別忙、累的時候，又可以省下外食的錢了。

買耐放的蛋白質

　　曾有一段時間，耐放的蛋白質基本上就是鮪魚或罐裝沙丁魚，但現在已經有很多很棒的選項。甚至鮪魚都有了一次革新，你可以買到許多種類，用油或水裝罐、裝袋加入調味料或橄欖油漬的罐裝魚片。還有罐裝野生鮭魚、鰤魚、鯖魚、鱈魚、牡蠣和蝦，而且你還能買到罐頭雞胸熟食。不是所有耐放蛋白質都一樣，通常我們會避免購買含有大量防腐劑和填充物的商品，例如罐頭香腸。

　　斯帕姆午餐肉（Spam）是個挑戰。專家們對於硝酸鈉有些疑慮，也就是斯帕姆和其他午餐肉裡的防腐劑，擔心可能傷害人體；但也有人說不會構成風險。午餐肉在某些文化中是料理的一部分，我們尊重這一點，所以不會把它列在「不要吃」這一欄（而且它真的蠻好吃）。我們只能說偶爾吃吃午餐肉是沒問題，只是或許不要和其他耐放蛋白質一樣常吃比較好。

策略性購買慣用品

　　如果草飼／放牧肉超出你的預算，就買更精瘦的部位。研究顯示，來自污染物及農藥的毒素都是脂溶性，堅持使用瘦肉部位就能避開油脂，你就能減少接觸到毒素的機會。

　　我們不是鼓勵你日常就避開油脂，希望你知道我們支持健康油脂。當你買這些精瘦部位，就用健康油脂烹煮，例如酪梨油或酥油，或是淋一點醬料，或加一片調味奶油。這麼做就能獲得肉裡脂溶性養分的益處，還可以減少接觸潛在毒素的危機。

第二部 —————————————————

食譜

—————————————————

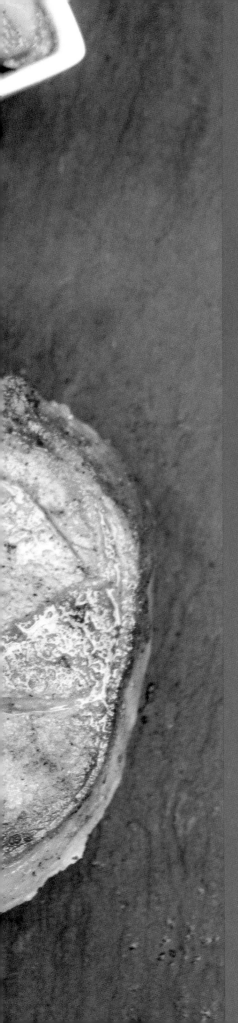

第三章

牛肉、羊肉
和山羊肉

肋眼牛排佐藍紋起司奶油

份量：4 人份 ｜ **備料**：15 分鐘，冷藏奶油 30 分鐘 ｜ **烹煮時間**：10 分鐘

　　好的肋眼是一種美妙，因為本身就是油脂較多的部位，簡單用鹽和胡椒調味就好，不需要醬料或配料。但是藍紋起司奶油非常簡單，只需要一個碗、一支叉子、和一些簡單的材料，就能提升美味層次。成功的關鍵在這：讓你的長柄煎鍋超級無敵燙，就能煎封出漂亮的牛排，沾適量鹽入口。

4 湯匙（60 克）無鹽奶油，置於室溫下

3 湯匙壓碎的藍紋起司（約 45 克）

1/2 茶匙切碎的新鮮百里香

1/4 茶匙大蒜粉

細海鹽和現磨黑胡椒

680 克無骨肋眼牛排（最好草飼），約 2.5 公分厚

1 湯匙酪梨油

1. 用一個中碗，把藍紋起司、百里香、大蒜粉與奶油搗碎混合，加入鹽與胡椒調味，捲成圓筒狀，冷藏至少 30 分鐘（你可以提前 2 天做奶油；確保奶油密封及冷藏）。

2. 烹煮前讓牛排置於室溫下 30 分鐘，預熱一個大的鑄鐵長柄煎鍋，用中高溫加熱到非常燙。用廚房餐巾把牛排徹底拍乾，多加些鹽和胡椒調味。畫圈攪動鍋裡的酪梨油，然後加入牛排。兩面都煎封完成，中心約三分熟（電子溫度計插進最厚的地方，應該顯示為攝氏 55 度），翻動幾分鐘，整個烹飪時間約為 8-10 分鐘，如果你的牛排超過 2.5 公分厚，就煎久一點。

3. 把牛排移到砧板上，輕輕用錫箔紙蓋上，靜置至少 5-10 分鐘。把藍紋起司奶油切成薄片。牛排逆紋切片，每一片上放幾片奶油，盛盤上桌。

小提醒：

你可能會有剩下的奶油，可以搭配其他牛排或漢堡、蛋、雞肉。

肋眼的紋理通常都不是同個方向，把紋理不同的部位分開，單獨切片。逆紋切比切長片更重要。

起司漢堡沙拉

份量：4 人份 ｜ **備料**：15 分鐘 ｜ **烹煮時間**：20 分鐘

　　牛絞肉、獨特醬料、生菜、起司、酸黃瓜、洋蔥：這道富含蛋白質的沙拉裡有豐富食材，靈感來自知名的速食漢堡，當然也不要錯過芝麻圓麵包。去超市的冷藏區找發酵的酸黃瓜，可以幫助腸道健康。

調料（約 2/3 杯）：

1/3 杯酪梨油蛋黃醬

3 湯匙無糖番茄醬

1 茶匙蒔蘿醃黃瓜

1 茶匙椰子氨基調味醬油

1/4 茶匙辣椒醬
（自由選擇種類）

依個人口味添加細海鹽、
現磨黑胡椒

沙拉：

1 湯匙酥油或酪梨油

1 顆小洋蔥切碎（約 1 杯）

細海鹽

680 克牛絞肉

現磨黑胡椒

1 棵中型長葉蘿蔓，切碎
（約 3 杯）

1 杯切半櫻桃或聖女小蕃茄

1 條中型酸黃瓜，切碎
（約 3/4 杯）

3/4 杯切達起司絲（約 85 克）

1. 製作調料：用一個小碗攪拌所有材料，直到均勻混合（可以提前兩天製作調料；保持密封及冷藏，使用前要再攪拌）。

2. 製作沙拉：用大的長柄煎鍋中火加熱酥油，加入洋蔥，撒鹽後繼續煮，偶爾翻動直到食材變軟、輕微焦糖化，大約 10 分鐘，移到碗裡。牛絞肉放進長柄煎鍋，用鹽和胡椒調味後開火，攪拌、攪碎肉塊，煮到熟透並有棕色點塊，約 10 分鐘。

3. 煮肉時將生菜、番茄、酸黃瓜和煮好的洋蔥放進大碗裡。加入 3 至 4 湯匙調料，慢慢拌勻，喜歡的話可以多加點。加入肉和起司，再次攪動。把沙拉分成四碗後上桌，剩下的調料可一併上桌。

小提醒：

> 如果你沒有要一次上 4 份，只要將調料拌入要上桌的那份；把剩下的沙拉和調料分開裝進有蓋的容器裡，放入冰箱保存。沙拉可保存 2 天，調料最多 4 天。

薩塔羊肩排

份量：4 人份 ｜ **備料**：15 分鐘，醃肉 30 分鐘 ｜ **烹煮時間**：10 分鐘

　　肩肉是我們最喜歡的羊肉部位，風味濃郁且香氣十足，容易烹煮且平價，特別是和更誘人的帶骨羊排相比（當然，我們也愛帶骨羊排）。雖然這些部位常常是煎燉烹煮，但也非常適合快速用平底鍋煎封。薩塔是中東辛香綜合調味料，簡單好調味，放寬心用薩塔裝飾調味吧。

4 塊帶骨切塊羊肩排，約 1.9 公分至 2.5 公分厚（約 1 公斤）

3 湯匙酪梨油，分開放

1 湯匙薩塔香料

細海鹽與現磨黑胡椒

希臘優格醬（自製，請見第 350 頁）或商店購買，搭配主餐食用（隨個人口味）

1. 把羊排拍乾，用 2 湯匙酪梨油均勻地沾上羊排，撒一些薩塔香料。放在大盤子上，靜置於室溫下約 30 分鐘。

2. 用中高溫預熱一個大鑄鐵煎鍋，直到非常燙。大方地用鹽和胡椒調味羊排。把剩下 1 湯匙酪梨油放進煎鍋裡，畫圈攪拌，加入羊排，煮到兩面都漂亮地煎封完成，將電子溫度計插進骨頭以外最厚的部位，兩面都測出約攝氏 55 度，依據厚度而定，一面約要煎 3 至 5 分鐘。煎完後移到砧板上，用錫箔紙稍微蓋住，上桌前靜置 5 分鐘。希臘優格醬一起上桌，隨個人口味添加。

小提醒：

必要的話請分批煎羊排，這麼做比擠滿煎鍋好，不然羊排可能煎不好。煎第二批羊排的時候，第一批煎好的羊排用錫箔紙蓋住保溫。

科夫塔羊肉

份量：3-4 人份 ｜ **備料**：5 分鐘，冷藏時間約 30 分鐘 ｜ **烹煮時間**：10 分鐘

　　如果你吃膩了一再重複的牛絞肉料理，用羊肉取代，加一些風味獨特的辛香料，即使把肉做成稍微不同的形狀，都是簡單提升風味，讓菜餚變有趣的方法。這種波斯風格的香腸叫做科夫塔，香氣四溢且多汁，搭配希臘優格醬（第 350 頁）或香蒜蒔蘿優格沾醬（第 352 頁）食用更是一絕。少量芝麻醬，需要的話可以加水稀釋，或是一匙鷹嘴豆泥都是配菜的好選擇。一般來說，科夫塔都是串好炙烤，但我們選擇省事點，簡單用平底鍋煎就好。

3 湯匙切碎的白洋蔥

2 湯匙切碎的新鮮平葉巴西里

2 湯匙切碎的新鮮薄荷

3 瓣大蒜切碎（約 1 湯匙）

1 茶匙磨碎的香菜

1 茶匙細海鹽

1/2 茶匙現磨黑胡椒

1/4 茶匙磨碎肉桂

450 克羊絞肉

2 湯匙（約 30 克）無鹽奶油

1. 用一個中碗拌勻碎洋蔥、巴西里、薄荷、大蒜、香菜、鹽、胡椒和肉桂，加入羊絞肉，用手把材料拌勻。把碗蓋起來，冷藏 30 分鐘。

2. 把肉團分成 6 等分，用手把分好的肉團捏成橢圓、像香腸一樣的形狀，約 7-10 公分長、5 公分厚。

3. 將奶油放在大的長柄煎鍋上，中火加熱融化。把香腸放上煎鍋，煎到一面變深棕色，約 4-5 分鐘。用夾子小心翻動香腸，繼續煎到熟透，大約要 3-4 分鐘或更久。煎好後端上桌趁熱享用。

小提醒：

科夫塔常常被塑形成橢圓狀，但這不是不可違逆的鐵則。如果你喜歡，也可以把肉團塑形成小圓餅或肉丸狀。喜歡的話也可以把羊絞肉換成牛絞肉。

奇波雷手撕牛

份量：約 6 又 1/2 杯（4-6 人份） | **備料：**20 分鐘 | **烹煮時間：**3 小時 15 分鐘

　　一大盆手撕牛肉絕對是超級盃派對上餵飽一大群人的好方法，或是你可以週日做一大碗，可以吃好幾天。這道牛肉料理香氣濃郁，沾一點帶辣味的奇波雷也很不錯，可以試試加進墨西哥捲餅、沙拉或蛋捲裡。

3 罐阿斗波辣椒醬中的奇波雷辣椒，還要帶籽的

1 湯匙罐頭裡的醬

1/4 杯新鮮柳橙汁
（1 顆小橘子製成）

3 湯匙新鮮萊姆汁

2 茶匙乾燥牛至葉

1 茶匙磨碎孜然

1/4 茶匙磨碎肉桂

1 湯匙酪梨油，喜歡的話可以多加

1 塊無骨牛肩胛肉（約 450 克），修掉多餘脂肪，切成 5 公分厚的肉塊

細海鹽及現磨黑胡椒

1 顆小洋蔥切碎（約 1 杯）

4 瓣大蒜，切碎（約 1 又 1/3 湯匙）

1/2 杯雞骨湯

1 片乾燥月桂葉

1. 烤箱預熱至攝氏 135 度。

2. 用攪拌機或小型食物調理機混合奇波雷辣椒、阿斗波辣椒醬、柳橙汁、萊姆汁、牛至、孜然和肉桂，直到質地變滑順。

3. 酪梨油放進荷蘭鍋，中大火加熱。把牛肩胛肉拍乾，用鹽和胡椒調味。牛肉煎到每一面都呈棕色，約 5-7 分鐘（需要的話分批煎牛肉，每一批之間多加一點油）。煮好的牛肉移到碗裡。

4. 火降到中火，加入洋蔥，用鹽稍微調味。煮洋蔥的同時持續攪拌，直到洋蔥變軟，約 3-4 分鐘。加入大蒜，炒到飄出香氣，約 1 分鐘。把牛肉與碗裡的所有肉汁再次放回鍋子裡，拌入奇波雷醬料、骨湯、月桂葉；繼續慢燉。

5. 蓋上鍋蓋，移到烤箱。煮到肉變非常軟能輕鬆撕開，約 3 小時。把月桂葉拿出來，牛肉撕碎後上桌。沒吃完的部分可以冷卻後蓋上蓋子，放回冰箱，最多可保存 4 天。

超級辣肉醬

份量：約 9 杯（4-6 人份）　│　**備料**：25 分鐘　│　**烹煮時間**：55 分鐘

　　在德州，他們不會在肉醬裡放豆子，雖然不是非常傳統的德州食譜，我們也真心同意肉才應該是主角。如果你喜歡辣一點，把墨西哥辣椒籽留下來，還有奇波雷辣椒。加入你喜歡的配料，和肉醬一起放進大碗裡享用，或是淋在熱狗上。第 274 頁的蕃薯片也會是很棒的配菜。

2 湯匙培根油或酪梨油，分開放

900 克牛絞肉

細海鹽與現磨黑胡椒

1 顆大洋蔥，切碎（約 2 杯）

1 大條或 2 小條墨西哥辣椒，去除籽與裡面的纖維，切碎（約 1/3 杯）

3 條中型紅蘿蔔，切碎（約 1 又 1/4 杯）

1 根中型芹菜梗，切碎（約 1/2 杯）

6 瓣大蒜，切碎（約 2 湯匙）

2 罐阿斗波辣椒醬裡的奇波雷辣椒，帶籽且切碎（約 2 湯匙），2 匙罐頭裡的辣椒醬

1 湯匙乾燥牛至葉

2 湯匙辣椒粉

1 又 1/2 湯匙磨碎孜然

1 罐火烤去皮切塊番茄（約 425 克）

2 湯匙蕃茄糊

1 又 1/2 杯雞骨湯或牛骨湯

配料（可自由搭配）

酸奶油

切片小蘿蔔

切碎酪梨

切達起司絲或傑克起司

新鮮香菜

1. 放 1 湯匙培根油進荷蘭鍋，用中火融化。加入牛絞肉，用鹽和胡椒調味，烹煮時一邊攪拌一邊把肉撥開，直到肉變棕色，約 7-10 分鐘。用漏勺把肉移到碗裡（如果鍋子裡還有很多汁就倒出來）。

2. 加入另 1 湯匙油進鍋子裡，放入洋蔥、墨西哥辣椒、蘿蔔、芹菜；用鹽調味後開始烹煮、攪拌，直到蔬菜軟化，約 8-10 分鐘。拌進大蒜、奇波雷辣椒、阿斗波辣椒醬、牛至、辣椒粉、孜然，炒到飄出香氣，約 1-2 分鐘。

3. 把肉和累積的肉汁重新放進鍋子裡，拌入番茄、蕃茄糊、骨湯。把火開到中大火，一邊攪拌直到煮滾。把火轉成小火，鍋蓋蓋一半，慢燉 30 分鐘讓香氣融合。試吃看看，再加入鹽和胡椒調味。

4. 趁熱端上桌，加入配料，或冷卻後蓋上蓋子冷藏，晚點再吃。辣肉醬蓋好並冷藏，可保存 4 天。

小提醒：

辣椒放置一段時間後的味道更好。有時間的話，提前一天備好這道菜，上桌前用爐火稍微熱過即可享用。

墨西哥烤牛肉

份量：4 人份 ｜ **備料：**10 分鐘，醃肉 1 小時 ｜ **烹煮時間：**10 分鐘

　　技術上來說，墨西哥烤牛肉就是烤牛肉，我們用鑄鐵煎鍋來做這道香氣十足、醃漬過的側腹牛排。最重要的是我們太愛這道牛排了，一點都不想等烤肉季的時候再吃。如果你不想用烤的，直接做吧：每一面用大火煎 3-5 分鐘就好。

680 克側腹牛排，拍乾

1/2 杯新鮮柳橙汁
（1 顆大柳橙製成）

1/4 杯新鮮萊姆汁
（2 顆中型萊姆製成）

3 湯匙椰子氨調和醬油

2 湯匙酪梨油，分開放

細海鹽和現磨黑胡椒

墨西哥捲餅配菜（自由添加）：
酪梨醬
酪梨莎莎醬
熱的無麩質或玉米薄餅
新鮮香菜
酸奶油

1. 把牛排切成幾大片，放進大鑄鐵煎鍋的時候才不會太擠。用一個大碗，把柳橙汁、萊姆汁、椰子氨基醬油、1 湯匙酪梨油、1/2 茶匙鹽、1/4 茶匙黑胡椒放進來。把牛排放進碗裡，反覆翻面讓每一面都沾到醬汁，把碗蓋起來冰進冷藏約 30 分鐘，然後拿出來放在檯面上，讓肉回到室溫，大約要 30 分鐘以上。

2. 把牛排從醃漬醬料中拿出來，醬料倒掉。用中大火預熱大的鑄鐵煎鍋，直到鍋子變得非常燙。牛排用廚房餐巾拍乾，用鹽和胡椒調味。

3. 剩下 1 湯匙油加進煎鍋裡，畫圈加熱然後放進牛排。開始煎牛排，控制只翻面一次，直到每一面牛排都煎封好，煎到 3 分熟，大約每一面 3-5 分鐘（電子溫度計插進肉最厚的部位，量出來應該是攝氏 51 度）。煎好後把肉移到砧板上，用錫箔紙稍微蓋住，靜置至少 5 分鐘。如果要搭配墨西哥捲餅一起吃，配菜可以先上桌。牛排薄薄地逆紋切片後就可以開動啦。

炙菲力佐波本鍋底醬

份量：6 人份 | **備料**：20 分鐘，靜置時間 30-60 分鐘 | **烹煮時間**：1 小時

　　中切菲力牛排是一塊漂亮（也昂貴）的部位，也稱夏多布里昂（Châteaubriand）；特殊的日子值得來一塊這樣的牛排。它非常精瘦，所以醬料能提升美味層次，可以搭配三種特製奶油（第 346-349 頁）切片享用；這道食譜我們會用逆式炙燒法；不是先在很熱的煎鍋裡煎封再放進烤箱完成，要先用烤箱低溫慢烤，直到牛排到三分熟的溫度後，最後在煎鍋裡完成。這種做法更容易做出漂亮的牛排外殼，但內部熟度很完美——這就是你夢寐以求的完美牛排。

炙菲力：

一塊 680-790 克左右的
中切菲力牛排

細海鹽和現磨黑胡椒

1 湯匙融化酥油

1 湯匙酪梨油

醬料：

2 根青蔥，切碎（約 2/3 杯）

2 瓣大蒜，磨碎（約 2 湯匙）

1/2 杯波本威士忌

1 杯牛骨湯或雞骨湯

2 湯匙重鮮奶油，置於室溫下

2 湯匙（30 克）
冷藏無鹽奶油，切片

細海鹽和現磨黑胡椒

1. 把待烤的肉拍乾，用大量鹽和胡椒調味。放在室溫下靜置至少 30 分鐘，最多 1 小時。再次拍乾，再加一點鹽和胡椒調味。

2. 烤箱預熱到 150 度，把有邊框的烤盤和冷卻架放好。肉刷上酥油，撒一點鹽，用料理用棉繩把肉綁起來，間隔約 2.5-4 公分，多餘棉繩剪掉。把肉放在燒烤架上，烤到電子溫度計插入最厚的部位讀出溫度為攝氏 51 度左右，約 40-50 分鐘，就可以翻面了。

3. 用大火預熱大的鑄鐵煎鍋，加入酪梨油，在煎鍋裡畫圈讓油分布均勻。把肉放上煎鍋，用夾子翻面，直到每一面都完成煎封，約 2-3 分鐘。完成後放到砧板上，用錫箔紙稍微蓋住，靜置 15 分鐘。

4. 同時開始製作醬料：煎鍋下的火調低到中火。加入青蔥炒到變軟，約 1-2 分鐘，再加入大蒜炒到有香氣，約 1 分鐘。倒入波本威士忌，一直攪拌到鍋底出現棕色焦香物。繼續煮滾到液體剩下一半，約 1-2 分鐘。倒入骨湯、鮮奶油繼續煮，偶爾攪拌即可，煮到湯汁剩下一半，約 2-3 分鐘。把鍋子從爐上移開，繼續攪拌，分批加入奶油，直到奶油與湯汁融合，湯汁呈現濃稠、絲滑狀。試吃看看，再依口味用鹽和胡椒調味。

5. 牛排切片，和鍋底醬一起上桌。

韓式牛絞肉

份量：4 人份 ｜ **備料：**10 分鐘 ｜ **烹煮時間：**25 分鐘

　　我們都愛吃韓式料理；我們兩人的先生第一次見面，就是在紐約一起享用了非常美味的韓式料理。這道以韓式料理為靈感的料理充滿香氣，做法出人意料地簡單，一點都不複雜。我們喜歡肉勝過白米飯，旁邊配上泡菜，當然搭生菜包肉也非常美味。如果沒吃完，隔天拿出來熱，上面再加顆半熟蛋，還是很好吃。

1 湯匙酪梨油

680 克牛絞肉

細海鹽

5 瓣大蒜，切碎（1 又 2/3 湯匙）

2 湯匙新鮮薑，切碎

3 根細蔥，斜切成片狀（約 1/3 杯）；
深綠蔥段保留裝飾用

1/3 杯椰糖

1/2 杯椰子氨基調味醬油

1/2 湯匙紅椒片

現磨黑胡椒

1 湯匙烤芝麻油

芝麻粒，裝飾用（依個人口味）

煮白飯、花椰菜米
（請見第 266 頁）或比布生菜，配菜用

1. 中大火用大煎鍋熱酪梨油，加入牛絞肉，用鹽調味後繼續煮，同時攪拌並把肉撥碎，持續煮到熟，約 7-9 分鐘（如果煎鍋裡有很多汁，倒出 1/4 杯）。加入大蒜、薑、切碎的蔥白和細蔥淡綠的部分，繼續煮、攪拌，直到蔥蒜變軟、飄出香氣，約 1 分鐘。

2. 拌入糖、椰子氨基調味醬油、紅椒片，最後用黑胡椒調味，攪拌到所有材料融合。把材料在煎鍋裡攤開，繼續煮不攪拌，直到醬汁變濃稠，約 2-3 分鐘。這時候開始攪拌，再煮 2 分鐘。重複以上步驟直到肉完美吸收醬汁並呈現棕色，讓醬料附著在肉上，重複一次到兩次。把煎鍋從爐上移開，淋上芝麻油，試吃看看，需要的話可以再加鹽和胡椒調味。

3. 把飯挖到 4 個淺盤上，或每一碗放一些生菜。上面放上炒好的肉，喜歡的話可以再撒上蔥綠和芝麻粒。趁熱享用。

油封牛肉

份量：4 人份 ｜ **備料**：2 分鐘 ｜ **烹煮時間**：1 小時

　　這是簡單又讓人著迷的食譜，靈感來自 awarma，是一道黎巴嫩羊肉料理，加上雙面煎蛋、加進沙拉裡或加在你喜歡的穀物上都很棒，就像照片裡配上古斯米就很美味。要重新加熱的話，把肉放在平底鍋或煎鍋上，用中火熱幾分鐘，偶爾攪拌一下，直到脂肪融化，牛肉整個熱了就可以。

450 克牛脂

450 克牛絞肉

1 湯匙細海鹽

1/2 茶匙磨碎的肉桂

1/4 茶匙磨碎的小荳蔻

1/4 茶匙磨碎的丁香

1. 用一個大的鑄鐵長柄煎鍋，小火融化牛脂。加入牛絞肉，不時翻動直到肉焦糖化，並轉為深棕色，大約 50 分鐘。拌入鹽、肉桂、小荳蔻、丁香，煮到肉開始有部分焦糖化外殼，約 10 分鐘以上。

2. 立刻上桌開動，或放涼到室溫溫度（約 10 分鐘），然後放到玻璃密封罐裡，放冰箱冷藏可保存一週。

蒜香羊排佐蘋果醬

份量：4 人份 ｜ **備料**：15 分鐘，醃肉 1 小時 ｜ **烹煮時間**：35 分鐘

　　蘋果醬通常會搭配豬排，但我們用香氣濃郁的羊里肌排取代。這是一道快速好上手的料理，適合週末夜的簡單料理，不過仍然具有儀式感。馬鈴薯泥或花椰菜米（請參考第 266 頁食譜）都可以是絕佳配菜。

羊排：

4 塊帶骨羊里肌排，約 2.5 公分厚
（約 680 克）

2 湯匙特級初榨橄欖油，分開放

6 瓣大蒜，壓成糊或切碎

1/2 茶匙現磨黑胡椒

1 湯匙切碎新鮮平葉巴西里

1 湯匙細海鹽

2 湯匙（30 克）無鹽奶油

蘋果醬：

6 顆中型蘋果，去皮、去核並切碎
（我們推薦富士蘋果或旭蘋果）

2 湯匙椰糖（自由選擇）

1/2 茶匙磨碎的肉桂

1. 羊排放進淺碟裡。

2. 用一個小碗，把橄欖油、大蒜、黑胡椒、巴西里拌在一起。把混合好的香料跟油抹在羊排上，封起來冰到冰箱約 1 小時，最多 12 小時。

3. 製作蘋果醬：把蘋果和 1/3 杯水、糖（看個人口味）、肉桂放進中型平底鍋，用中大火煮開。轉成小火後蓋住，繼續煨煮到蘋果變得非常軟，約 15-20 分鐘。把蓋子拿開，繼續煮到濃稠，約 5 分鐘以上。用馬鈴薯壓泥器或叉子把蘋果壓碎，讓濃稠度一致，或用攪拌器搗成泥，製造一樣的滑順度。做好後放在旁邊備用，如果你喜歡冰涼感，也可以冷卻後蓋上蓋子放進冰箱。

4. 把羊排從冰箱拿出來，用鹽調味。放在檯面上約 10 分鐘等肉回溫。

5. 用中大火預熱大長柄煎鍋，在鍋裡把奶油融化，然後放進羊排煮到三分熟，每一面約 4-5 分鐘（電子溫度計插進骨頭外最厚的地方，讀出數值為攝氏 57 度）。把羊排移到瓷盤上，錫箔紙蓋住，靜置 5 分鐘。蘋果醬放在羊排旁邊後即可上桌。

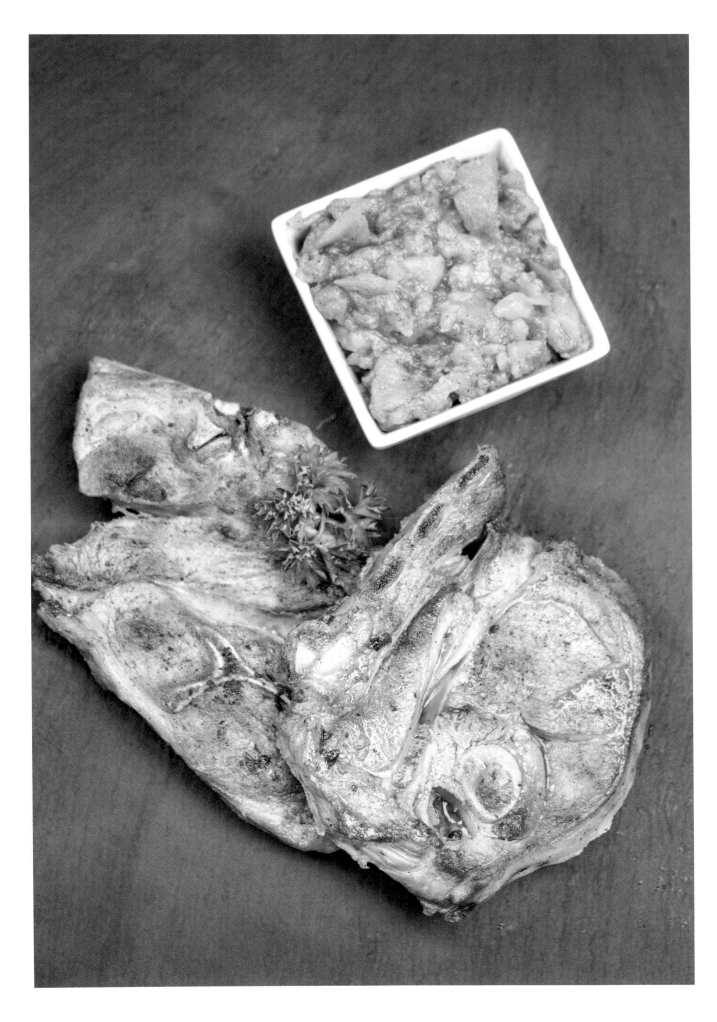

高麗菜捲

份量：6 人份　｜　**備料**：25 分鐘　｜　**烹煮時間**：85 分鐘

　　這個食譜是另一種蔬菜包肉的天才做法，真是兩全其美。這麼多年都是買來吃，我們現在自己動手做，得到了意外驚喜；高麗菜捲的做法可比看起來容易許多。

1 顆高麗菜

450 克偏瘦牛絞肉（90% 瘦肉）

1 杯煮好的白飯或花椰菜米
（請見第 266 頁）

半顆小型白洋蔥，切好（約 1/2 杯）

3 瓣大蒜，切碎（約 1 湯匙）

2 杯番茄義大利麵醬，分開放

3 湯匙切碎的新鮮平葉巴西里

1 顆大型蛋

1 茶匙細海鹽

1/2 茶匙現磨黑胡椒

1. 用一個大鍋裝 2/3 鍋水煮開。把高麗菜泡在滾水中，直到高麗菜葉變軟、彎曲，約 3-5 分鐘，再剝下 6-8 片大菜葉（依據菜葉尺寸而定）。

2. 烤箱預熱到 175 度。

3. 把牛絞肉、飯、洋蔥、大蒜、1/2 杯蕃茄糊、巴西里、蛋、鹽、黑胡椒放進大碗。讓手微濕，用手輕輕地徹底拌勻食材，直到食材完全融合在一起。

4. 把每一片高麗菜葉放在平面上，用剝皮刀切出一個 V 型凹口，切除每一片菜葉底部最硬的菜梗。

5. 把肉平均分成 6-7 顆肉丸，根據高麗菜葉數量而定，然後塑形成圓柱狀。把肉團放在高麗菜葉中間，用菜葉把肉團捲起來，捲好之後把菜葉的頂部塞進捲裡封好，再把底部塞好。剩下的肉團和菜葉也是一樣的步驟。

6. 在長 22 公分、寬 33 公分的玻璃烤盤上噴上烹飪噴霧油或酪梨油。剩下的番茄糊鋪平在烤盤上，把高麗菜捲放在烤盤上，淋上剩下的醬汁。

7. 錫箔紙蓋在烤盤上，放進烤箱烤到高麗菜變很軟，裡面的肉團也熟透，約 60-80 分鐘。烤好後趁熱享用。

乾香料醃山羊肋排

份量：4 人份 ｜ **備料**：5 分鐘，醃肉 1 小時 ｜ **烹煮時間**：3 小時 30 分鐘

　　這種香料組合讓人想起牙買加的混合香料，只是沒有加入蘇格蘭軟帽椒增加辣度。我們的版本和山羊肉獨特的甜味搭配得很好，突顯出淡淡的糖蜜味。做這道菜給喜歡肋骨的朋友們時，他們為之驚豔，這就是他們尋覓的那種美味又有點小驚喜的佳餚。

香料肋排：

2 茶匙磨好的五香粉

1 茶匙現磨黑胡椒

1 茶匙細海鹽

1 茶匙大蒜粉

1/2 茶匙磨好的肉桂

1/4 茶匙磨好的小荳蔻

1/4 茶匙磨好的肉豆蔻

一大塊羊肋排
（約 900 克，請參考備註）

2 湯匙糖蜜

1 顆檸檬皮

1. 把香料調味品放在小碗裡混合，肋排放在大的玻璃容器裡，把混合好的香料抹上整塊肋排，然後把糖蜜和檸檬皮倒在肋排上。蓋子蓋上放進冰箱，最少 1 小時最多一晚。

2. 烤箱預熱至攝氏 160 度；預熱烤箱時把放著肋骨的玻璃容器拿出來放在檯面上。

3. 把肋排移到長 22 公分、寬 33 公分的玻璃烤盤上，烤盤加入約 1.2 公分深的水，烤肋排時可以幫忙維持肋排水分。錫箔紙蓋上烤盤開始烤，烤到肉開始從骨頭上剝離，約 3-3.5 小時。從烤箱拿出來後靜置 10 分鐘，然後拿開錫箔紙，把肋排一條一條切開後即可上桌。

備註：

買到山羊肋排並不容易，不像買一般牛排或豬肋排一樣簡單。如果你認識居住地附近的肉販，可能可以從這裡買到。另一個買到的辦法是找當地的清真肉鋪或加勒比海肉鋪。

山羊肋排和其他肋排一樣，底部都有銀白色薄膜，可自行選擇要不要切除，我們建議切除。小心地用削皮刀把薄膜的一邊切開，然後用手指拉起來。

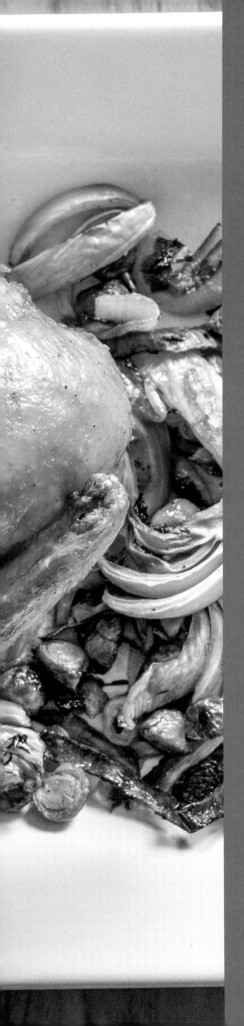

第四章
禽類

皮卡塔雞肉

份量：4 人份 ｜ **備料**：20 分鐘 ｜ **烹煮時間**：16 分鐘

　　這道經典菜餚中的薄雞肉片能快速結合風味。如果無法入味，你可以把兩片雞胸肉水平切半，把肉放在兩層保鮮膜或烘焙紙、蠟紙中間，用肉槌或桿麵棍敲到 1.2 公分厚。

1/2 杯去皮杏仁粉

2 湯匙葛根粉

450 克薄雞胸肉片
（約 0.6 公分厚），拍乾

細海鹽和現磨黑胡椒

4 湯匙（60 克）無鹽奶油

2 湯匙特級初榨橄欖油

1/4 杯不甜的白酒

1/4 杯雞骨湯

3 湯匙新鮮檸檬汁

3 湯匙酸豆

1-2 湯匙切碎的新鮮平葉巴西里

1. 用一個淺碗把杏仁粉和葛根粉拌在一起。用鹽和黑胡椒調味雞肉，把杏仁粉混合物撒在雞肉上，甩掉多餘的粉。

2. 用大型長柄煎鍋中大火融化奶油與橄欖油。加入雞肉烹煮，直到一面呈金黃色，約 3-4 分鐘。翻面煮到另一面呈金黃色，約 3 分鐘以上。煮好後移到盤子上（備註：不要讓煎鍋過度擁擠，需要的話請分批烹煮，每一批下鍋前再加 1 湯匙奶油和橄欖油。）

3. 白酒加到煎鍋裡，攪拌到可以撈到棕色焦香物，煮到酒剩下一半，約 1 分鐘。加入骨湯、檸檬汁、酸豆，繼續烹煮、攪拌到醬汁變濃稠，約 1-2 分鐘。

4. 把火轉成中小火。把雞肉移回鍋子上，盤子裡流出的肉汁也要一起倒進鍋子裡。翻動雞肉讓雞肉沾滿醬汁，持續燉煮並讓雞肉變熱，約 4-5 分鐘。試看看醬汁的味道，需要的話再加鹽和黑胡椒調味。

5. 把雞肉分成 4 盤，用湯匙撈出醬汁淋在雞肉上，撒上巴西里後即可上桌。

油封火雞腿

份量：4-6 人份 ｜ **備料**：10 分鐘 ｜ **烹煮時間**：3 小時 20 分鐘

　　當你想到油封，可能會馬上想到鴨肉。油封——原本是一種保存方法，現在拿來做菜是因為做出來的菜實在太太太太好吃了，而且適合各種食材。我們喜歡油封火雞腿是因為，老實說吧，火雞肉實在是平平淡淡，完全讓人提不起勁，但是在一大堆脂肪裡低溫慢煮後，變得格外美味且風味獨特。

一罐鴨油（310 克），分開放

4 隻火雞腿（1.8 至 2.2 公斤左右），拍乾

細海鹽和現磨黑胡椒

10 瓣大蒜，去皮用刀壓碎

1 顆中型洋蔥，像維達利雅洋蔥，切碎（約 1 又 1/2 杯）

1 顆檸檬，洗好擦乾

4 枝新鮮百里香

2 枝新鮮迷迭香

1 片乾燥月桂葉

3-4 杯融化培根脂肪或特級初榨橄欖油、酪梨油，根據需求而定

1. 烤箱預熱至 150 度。

2. 用中大火在荷蘭鍋裡熱 1/4 杯鴨油（剩下的鴨油放在小平底鍋裡低溫熱開）。用大量鹽和胡椒調味火雞腿後開始烹煮，幾分鐘翻動一次火雞腿，直到每一面呈現棕色，總共約 9-11 分鐘左右（不要讓鍋子太擁擠，需要的話可以分批煮），煮好後把火雞腿移到大盤子上。鍋子裡加進大蒜和洋蔥，稍微撒點鹽後開始煮，偶爾攪拌一下，直到洋蔥變軟並飄出香氣，約 2-3 分鐘。

3. 同時，用蔬菜削皮刀削出 3 條長的檸檬皮，注意只要黃色的皮，不要削到白色纖維。檸檬皮放進荷蘭鍋，加入百里香、迷迭香和月桂葉。把火雞腿放回鍋子裡，倒進剩下的鴨油和適量培根油或其他油，幾乎要蓋住火雞腿。用中大火烹煮直到油稍微滾了（但不要整個熱開），約 2-4 分鐘。

4. 把鍋子從爐台上拿開，蓋子蓋上放進烤箱。燜烤到肉質非常軟，從骨頭上剝離，約 2.5-3 小時，中間記得把火雞腿翻面。把火雞腿從油脂中拿出來，喜歡的話可以剝成絲享用。

備註：

> 你可以過濾這些油，然後用來炒菜或炒馬鈴薯，或是放進罐子裡，蓋起來冷藏，可以拿來煮別的菜；最多可保存 1 個月。它可能會有香草味，也會有點鹹，所以使用時要把這些因素考量進來，拿來煮一些簡單的食物會很好吃，例如炒蛋。
> 沒吃完的部分可以蓋起來冷藏，最多可保存 3 天。

備註：

你可以買罐裝鴨油（例如在美國全食超市可以買到 Epic 品牌的鴨油），但是跟你的肉販買可能比較便宜。有些肉販會低價販售冷凍鴨油，比零售商店更便宜，可以問問看。

紅酒燉鴨腿

份量：4 人份 ｜ **備料**：15 分鐘 ｜ **烹煮時間**：3 小時

　　鴨肉是適合節慶的美味食物，燉煮可以讓鴨肉從骨頭上剝離，肉質軟嫩，大人小孩都喜歡吃，因為鴨肉雖然是禽類，但口感豐富、鮮美可口，所以喜歡牛排的人也會喜歡吃鴨肉，而且鴨肉中的鐵質與紅肉一樣多。團聚時刻就來做這道菜吧；大多數步驟都能提前完成。

4 隻鴨腿（約 1350 克），拍乾

細海鹽與現磨黑胡椒

3 根中型紅蘿蔔，切碎（約 1 杯）

3 根小支芹菜梗，切碎（約 3/4 杯）

1 根中型青蔥，切片（約 3/4 杯）

5 瓣大蒜，去皮並用刀壓碎

3/4 杯不甜的紅酒

3 杯雞骨湯

4 枝新鮮百里香

1 片乾燥月桂葉

1. 烤箱預熱至攝氏 150 度。

2. 用削皮刀把鴨皮整個刺破，以大量鹽和黑胡椒調味。用中大火預熱荷蘭鍋到鍋體非常燙，把鴨腿放進鍋子裡，鴨皮朝下，放著煮到鴨皮變酥脆，顏色呈偏深的金黃色，約 10-15 分鐘，鴨腿之間要有距離，需要的話可以分批烹煮。小心地把鴨肉翻面，煎封另一面直到鴨肉變棕色，約 2-3 分鐘以上。把鴨肉移到大盤子上，均勻淋上 1 湯匙油（記得留下來還有用途）。

3. 加入紅蘿蔔、芹菜、青蔥、大蒜到鍋裡，用鹽和胡椒調味後烹煮，偶爾攪拌直到食材變軟、開始焦糖化，約 5-7 分鐘。倒進紅酒並攪拌，直到底部出現棕色渣渣。繼續煮開到紅酒變少並濃稠，像糖漿的濃稠度，約 2 分鐘。加入骨湯、百里香、月桂葉，把火轉成中火，開始燉煮。把鴨腿放進鍋裡，鴨皮朝上，鴨腿不要完全淹進湯裡，煎封過的鴨皮維持在湯汁外。

4. 蓋上鍋蓋移到烤箱，燉到肉非常軟，約 2-2.5 小時。把鴨肉移到有邊框的烤盤，烤盤要預熱。燉煮的湯汁過濾後倒進量杯，靜置直到脂肪浮上來。去掉上層的脂肪，把湯汁倒進中型的平底鍋，用大火煮開，直到湯汁變濃稠，並減少 1/3 的量（2/3 杯），約 3-4 分鐘。

5. 同時，鴨腿烤到外皮酥脆，約 1-2 分鐘，小心盯著別烤焦了。搭配醬汁上桌吧。

炒雞肉佐時蔬

份量： 4 人份 ｜ **備料：** 25 分鐘 ｜ **烹煮時間：** 12 分鐘

炒菜的祕訣就是開始炒之前，把所有食材和醬料準備好，也就是各就各位。高溫烹飪時食材會熟得很快，你不會想在切菜的同時，讓你的蛋白質煮過頭。根據你的口味和手邊有的食材，可替換不同的蔬菜和蛋白質。

1/4 杯猶太鹽

680 克軟嫩雞胸肉，拍乾並切成
2.5 公分厚

3 湯匙椰子氨基調味醬油

1 湯匙味醂

1-2 茶匙是拉差辣椒醬（可自由選擇）

1/4 茶匙現磨黑胡椒

1 茶匙葛根粉

2 湯匙酪梨油，分開放

1 顆中型花椰菜，莖部去皮，斜切成 0.6 公分厚，花球切成一口的大小（約 3 杯）

細海鹽

1 顆中型甜椒，去籽並切塊
（約 3/4 杯）

6 根青蔥，斜切成片
（約 2/3 杯；喜歡的話可以把深綠的部分留下來裝飾用）

1 杯扁豆，去頭尾後斜切成兩半
（如果太大就切成三等分）

4 瓣大蒜，切碎（約 4 茶匙）

1 又 1/2 湯匙新鮮薑，切碎

2 湯匙烤芝麻油

花椰菜米或櫛瓜麵
（請參考第 266 或 268 頁），配菜

1. 把猶太鹽放進大碗，倒進 2 杯熱水攪拌到鹽融化，再加進 2 杯冷水攪拌。加入雞肉，靜置室溫下，同時準備其他食材（你也可以把碗蓋起來放進冷藏冰 2 小時）。

2. 用一個小碗把椰子氨基醬油、味醂、是拉差辣椒醬（要加的話）、胡椒拌在一起。用另一個小碗攪拌葛根粉和 1 茶匙水，直到葛根粉融化，再把葛根粉水倒進調味料碗裡。

3. 把雞肉從鹽水中拿出來，把肉徹底拍乾（鹽水倒掉），用一個大長柄煎鍋（如果有炒鍋也可以），開中大火熱酪梨油。雞肉放進鍋子裡開始煎，翻一次面，煎到兩面呈金黃色，約 3-5 分鐘，移到碗裡。

4. 用同一個鍋子倒進剩下 1 湯匙酪梨油，轉到中火。放進花椰菜，撒點鹽開始拌炒，到菜變成亮綠色，約 1 分鐘。加入甜椒、蔥白、蔥綠和扁豆，再撒點鹽繼續拌炒，到食材開始變軟，約 1 分鐘。加入大蒜和薑，炒到有香氣，約 1 分鐘。

5. 雞肉和流出的湯汁一起放回鍋子裡，攪拌一下混合好的椰子氨基醬油，然後倒進鍋子裡，炒到底部出現棕色焦香物。繼續煮、攪拌直到醬汁變濃稠，並開始附著在食材上，約 1-2 分鐘。把鍋子從爐台上移開，淋一些芝麻油。

6. 把花椰菜米分成 4 個淺碗，上面放上炒好的食材，喜歡的話可以撒一些切好的蔥綠深色段，就可以上桌了。

氣炸水牛城雞塊

份量：4 人份 | **備料**：20 分鐘 | **烹煮時間**：每一批 12 分鐘

　　這是可以和別人一起做的有趣食譜（很適合和孩子一起動手做），因為你可以規劃一條組裝生產線處理沾醬。如果你自己做，一隻手拿乾的食材，另一隻手還要負責伸進濕食材裡。左手要鏟木薯，右手要伸進蛋汁混合物裡，再用左手伸進麵包粉裡。規劃沾醬生產線，你的手指就不會沾滿黏黏的麵糊，不必每幾分鐘就要洗一次手（也是練習手眼協調的好方法）。

680 克無骨、去皮的軟嫩雞胸肉，拍乾後切成 3.5 公分厚

細海鹽和現磨黑胡椒

1/2 杯木薯粉

1/2 茶匙大蒜粉

1 顆大型蛋

1/4 杯 Frank's 水牛城辣雞翅醬或其他類似的水牛城辣醬

1 又 1/2 杯豬皮粉

培根牧場醬，自製（請參考 342 頁）或商店購入（依個人口味添加）

1. 用鹽和胡椒稍微調味雞肉。用一個淺碗混合木薯粉、大蒜粉、1/2 茶匙鹽、1/4 茶匙胡椒。把蛋打在另一個淺碗裡，加入辣醬，麵包粉放在第三個淺碗裡。

2. 每一片雞肉先沾混合好的調味粉，再沾蛋汁，最後是麵包粉，沾好後把多餘的粉甩掉。把沾好麵包粉的雞肉放在有邊框的烤盤或盤子上。

3. 烤箱預熱到攝氏 95 度，冷卻架裝好放進烤箱。氣炸鍋預熱至攝氏 175 度，5 分鐘。在氣炸鍋烤籃上噴好烹飪噴霧油，把雞塊平放在烤籃裡，盡可能放多一點。氣炸到外皮酥脆，整個熟透，約 10-12 分鐘，中間記得翻面。完成的雞塊放進烤箱的烤盤上保溫，然後繼續氣炸剩下的雞塊。

4. 喜歡的話搭配培根牧場醬，趁熱享用。

備註：

你可以提前製作雞塊，冷凍起來。裹好麵包粉的雞塊放在盤子上冷凍，凍好後放到冷凍袋裡，最多可保存 3 個月。烹煮冷凍雞塊的步驟可從第 3 步開始，但是烹煮時間會延長至 18-20 分鐘。

喜歡的話上桌前可以在雞塊上加更多辣醬，或是附上辣醬一起上桌。

沒有氣炸鍋？沒關係

沒有氣炸鍋也可以做出美味雞塊。雞肉一樣照步驟 1 和 2 處理，接著照下面的步驟：

第一種方法是用烤的，烤箱預熱到 200 度，放進烤盤和冷卻架，冷卻架上噴烹飪噴霧油，雞塊放上冷卻架，烤到外皮金黃、熟透，約 20 分鐘（不需翻面）。

另一種方法是用炸的，用中型鑄鐵煎鍋熱約 0.6 公分深的酪梨油，直到電子溫度計顯示油溫到 175 度（或者你滴一小滴水到煎鍋裡，夠熱的話就會滋滋作響）。分批油炸，雞塊炸到外皮金黃酥脆且熟透，每一面約 3 分鐘。不要讓鍋子太擁擠，這樣會讓油溫降太多，最後會得到濕軟的雞塊。

五香鴨胸佐橙汁紅酒醬

份量：4 人份 | **備料**：10 分鐘，醃肉時間 1 小時 | **烹煮時間**：20 分鐘

　　美味鴨胸的關鍵是什麼？酥脆的外皮。而酥脆外皮的關鍵就是用刀劃過外皮——也就是烹煮前就切開外皮，可以幫助脂肪融化，讓表皮酥脆。切得越深，脂肪就融得越多。要切多深由你決定（你想留多一點脂肪在鴨胸上，還是煮的時候多融出一點），但絕對不要切到肉，會讓肉直接接觸到熱度，導致肉煮得過熟。

4 片鴨胸（約 280-340 克）

2 瓣大蒜，切碎（約 2 茶匙）

1 湯匙新鮮大蒜，磨碎

2 茶匙五香粉

細海鹽

1 湯匙培根油或酪梨油

1/4 杯不甜的紅酒，例如里奧哈（Rioja）

2 湯匙新鮮柳橙汁

1 茶匙椰子氨基醬油

防風草泥（請參考第 270 頁），配菜（依個人口味添加）

1. 鴨胸徹底拍乾，用尖銳的刀在外皮上畫出平行、斜角的刀痕（你也可以再畫出垂直刀痕，做出交叉刻痕；看起來很漂亮但其實非必要）。用一個大碗混合大蒜、薑、五香粉、3/4 茶匙的鹽。把混合物均勻地抹上鴨胸，蓋起來冰進冰箱至少 1 小時，最多 12 小時。

2. 烤箱預熱到攝氏 200 度；預熱時把一個大鑄鐵煎鍋或結實、耐熱的煎鍋放進烤箱。烤箱到設定溫度時，把煎鍋移到火爐上，轉中大火。培根油倒入煎鍋，畫圈攪拌，放進鴨胸，外皮朝下，用鹽調味，煎封到外皮呈金黃棕色，約 4-5 分鐘。翻面繼續煎封另一面，約 3-4 分鐘以上。再次翻面，把煎鍋移到烤箱裡，烤到鴨肉到達理想熟度；3 分熟的話，電子溫度計插進最厚的肉會顯示攝氏 57 度左右，約 5-10 分鐘。肉移到砧板上，用錫箔紙稍微蓋住，靜置的同時去製作醬料。

3. 把煎鍋裡的油倒掉，轉成中大火。加入紅酒，持續攪拌到底部出現棕色焦香物。煮到紅酒減少一半，約 1 分鐘，拌入柳橙汁和椰子氨基調味醬油，煮到醬汁變少且呈現濃稠狀，約 1 分鐘以上。倒進杯子裡，加入鹽調味，試吃看看。

4. 鴨肉斜切成片，每一盤放一塊鴨肉。淋上紅酒醬汁，喜歡的話可和防風草泥一起上桌享用。

烤雞佐時蔬

份量：4 人份 ｜ **備料**：20 分鐘，乾式鹽漬 12 小時 ｜ **烹煮時間**：1 小時 30 分鐘

　　一隻完美的烤雞會讓人感覺像回到家般的舒適自在，同時也能享受烹飪的樂趣。而美味烤雞的祕訣就在於乾式鹽漬：用鹽塗抹雞肉，不用密封或蓋住，放進冰箱冰一晚，結果絕對值得你花上一晚的時間和冰箱的空間——你的烤雞會有酥脆的外皮和香氣濃郁的肉質。不要擦掉鹽漬的鹽，就留在雞肉上，再刷上橄欖油，然後再次調味。看起來鹽分會太多，但其實不會，相信我們，絕對很美味。

1 隻全雞（約 1.8-3.6 公斤），除去多餘脂肪，整隻拍乾

細海鹽

10-12 枝綜合新鮮硬質香草，如迷迭香、百里香和鼠尾草

6 瓣大蒜，去皮，用刀壓成泥

1 顆檸檬，切成 4 等分

現磨黑胡椒

1 顆大型洋蔥，切成厚片

1 顆大型球莖茴香，對切後切成塊狀

450 克球芽甘藍，除去不要的葉子後對切（太大的話也可以切成 4 等分）

1 湯匙特級初榨橄欖油，多備一些刷在雞肉上

1. 全雞裡裡外外用鹽調味，放進大盤子裡不用包住直接放進冰箱，至少冰 12 小時至 1 天。

2. 烤箱預熱至攝氏 220 度。

3. 一半的香草、3 瓣大蒜和越多越好的檸檬塞進全雞內。用料理棉繩把雞腿綁起來，橄欖油刷滿全雞，大量鹽和黑胡椒調味。

4. 把洋蔥、球莖茴香、球芽甘藍、和剩下的 3 瓣大蒜放進烤盤，加入橄欖油拌勻，鹽和黑胡椒調味。剩下的香草塞在蔬菜周圍，把烤架放在蔬菜上方，烤雞放在烤架上。

5. 雞肉烤到表面金黃，外皮酥脆，約 1 小時 15 分鐘至 1 小時 30 分鐘；電子溫度計插進大腿骨以外最厚的部分，會顯示約為攝氏 73 度左右。烤的時候翻動蔬菜一兩次。

6. 用錫箔紙稍微蓋住雞肉，靜置 10-15 分鐘。把香草枝從蔬菜部分拿走，雞肉切塊，和蔬菜一起上桌。

奶油雞肉、培根與花椰菜雜燴

份量：6 人份 ｜ **備料**：45 分鐘 ｜ **烹煮時間**：50 分鐘

　　我們不希望你完全遵照這個食譜，嗯……我們是這麼做啦，但你不需要跟著照做，這個食譜的前置作業很多，如果你喜歡的話，會是一個很棒的星期天烹飪活動。但如果你還好，就偷個懶吧，用預先煮好的雞肉（嘿，或是週末假期沒吃完的火雞肉也可以喔），切好的花椰菜、切好的蘑菇、切絲的起司，隨心所欲地選擇食材就能快速做好。我們最喜歡的偷懶食材是什麼？冷凍的花椰菜米。

110 克培根（約 4 片）

3 湯匙酪梨油，分開放

450 克無骨、去皮雞腿肉，去掉不要的組織，整個拍乾

1 顆大型花椰菜（約 450 克），菜莖去皮切片，花球切成一口的大小（約 4 又 1/2 杯）

3 瓣大蒜（外層像紙的表皮去掉，內層薄膜留著）

細海鹽和現磨黑胡椒

110 克褐色蘑菇，切片（約 2 杯）

1 顆中型洋蔥，切碎（約 1 又 1/3 杯）

3/4 杯酪梨油美乃滋

3/4 杯酸奶油

2 湯匙新鮮檸檬汁

1 茶匙辣椒粉

1/2 茶匙甜椒粉

1 包（約 340 克）冷凍花椰菜米，解凍

1 杯切絲切達起司（約 110 克）

雞骨湯，需要的話

1. 培根放在大的未預熱的長柄煎鍋上，開中小火，偶爾翻動一下，直到變棕色、有脆度，約 10 分鐘。把培根移到砧板上，用有洞的湯匙撈起來，多餘的油留在煎鍋上。

2. 烤箱預熱至攝氏 220 度；把兩個有邊框的烤盤放進烤箱一起預熱。

3. 用 1 湯匙酪梨油塗抹在雞肉上，用剩下 2 湯匙酪梨油把花椰菜和大蒜拌在一起；雞肉和花椰菜用鹽和黑胡椒適量調味。雞肉放在預熱的烤盤上，花椰菜和大蒜放在另一個烤盤上。烤到雞肉熟透，花椰菜變軟且出現焦糖化的棕色點點。約烤到 20-25 分鐘，烤程到一半時要翻動雞肉，攪拌花椰菜（如果花椰菜的棕色開始越來越深，快點把花椰菜拿出來）。

4. 同時把蘑菇放進煎鍋裡，稍微加點鹽調味，和培根油拌在一起。把火轉到中火，偶爾攪拌一下，直到蘑菇開始出水，約 6-7 分鐘。加入洋蔥，撒一點鹽後繼續拌炒，直到洋蔥變軟，蘑菇出現金黃色的點點，約 6-7 分鐘以上。把煎鍋從爐上移開，放在一邊備用。

5. 用一個大碗把美乃滋、酸奶油、檸檬汁、辣椒粉、甜椒粉、3/4 茶匙鹽、1/4 茶匙胡椒拌在一起。花椰菜米一起倒進碗裡。

6. 雞肉和花椰菜都烤好後，從烤箱裡拿出來，烤箱溫度降到 190 度。雞肉放到砧板上，靜置 5 分鐘；讓花椰菜冷卻到手可以拿起來的溫度，大概切一切後放進美乃滋混合醬裡。從大蒜薄膜中把烤好的蒜擠出來，放進洋蔥和蘑菇的碗裡。雞肉切塊一起放進碗裡，砧板上的湯汁也一起倒進來。加入 3/4 杯起司，培根切塊後放進碗裡。所有食材集中拌在一起，如果拌好後太乾，同時加入 1/4 杯雞骨湯，讓整體看起來有滑順感。

7. 用一個長 22 公分、寬 33 公分烤盤塗好油，均勻地把食材放在烤盤上，撒上剩下的 1/4 杯起司。烤到雞燴熟透、起泡、出現金黃色點點，約 20-25 分鐘。靜置 5 分鐘後即可上桌。

越氏雞肉丸包生菜

份量：4 人份 ｜ 備料：25 分鐘 ｜ 烹煮時間：32 分鐘

老實說，碎雞肉本身一點都不吸引人。但是當你用香料，像青蔥、薑、檸檬草，用魚露調味、捏成肉丸，就完全是不一樣的事了。可別省略了醃蘿蔔或香草，它們能帶來豐富的色彩與香氣。

醃蘿蔔：

1/4 杯無調味的米醋或蘋果醋

1 又 1/2 茶匙生蜂蜜

1/2 茶匙細海鹽

2 條中型蘿蔔，切成筷子能夾起的大小（約 1 杯）

肉丸：

1 湯匙椰子油

1 條塞拉諾辣椒，去籽並切碎（約 2 湯匙）

3 根青蔥，白色和綠色段都需要，切碎（約 1/4 杯）

2 湯匙切碎的新鮮薑

3 瓣大蒜，切碎（約 1 湯匙）

1/4 茶匙和 1 小撮細海鹽

680 克雞絞肉

1 又 1/2 湯匙魚露

3 湯匙木薯粉

1 湯匙瀝乾、切蒜的罐頭切絲檸檬草（替代方案請參考備註）

配菜：

1 顆比布生菜，菜葉一片一片分開

1 把新鮮薄荷，只留葉子

1 把新鮮羅勒葉（最好是泰國羅勒），只留葉子，撕碎或稍微切一下

海鮮醬是拉差辣椒醬或其他調味料（可自由選擇）

1. 烤箱預熱至攝氏 175 度。用烘焙紙鋪滿一個有邊框的烤盤。

2. 製作醃蘿蔔：用一個小的單柄鍋，加入醋、1/4 杯水、蜂蜜、鹽。轉低溫煮，同時攪拌，直到蜂蜜和鹽融化。把蘿蔔放到一個中型耐熱碗，把醋倒進碗裡，靜置在室溫下（可以提前一天製作醃蘿蔔，冷卻後密封放進冰箱冷藏）。

3. 製作肉丸：把椰子油放在小型煎鍋，轉中溫熱油。加入辣椒、青蔥、薑、大蒜，用一小撮鹽調味，繼續煮，偶爾攪拌，直到食材軟化飄出香氣，約 1-2 分鐘。放進小碗冷卻。

4. 用一個大碗，拌入雞絞肉、魚露、木薯粉、檸檬草（要加的話）和 1/4 茶匙的鹽，加入冷卻的薑和青蔥混合物，用手輕輕拌勻，直到食材均勻地分布在肉團裡。用 1/4 量杯的杓子或量杯，把肉團分成 12 等分。把每一團捏成球狀，放進鋪好烘焙紙的烤盤，烤到肉丸熟透，表面金黃色，約 25-30 分鐘，中途要翻面（可以用電子溫度計確認熟透了沒；肉丸中心溫度應該是攝氏 73 度左右）。

5. 用生菜葉包住正熱的肉丸，加上醃蘿蔔、薄荷、巴西里和喜歡的醬料就可以上桌享用。

備註：

你可以在市場和線上商店買到罐裝切絲的檸檬草，也可能看到檸檬草醬或整罐的檸檬草。我們喜歡用切絲的是因為用途很廣，稍微切一切就可以用，但如果其他種類比較好買，也可以用其他類型的檸檬草（或是乾脆不加）。

煎鍋燉雞腿佐高麗菜

份量：2 人份 ｜ **備料**：5 分鐘 ｜ **烹煮時間**：38 分鐘

　　把一些美味的食材丟進煎鍋，讓它們一起煮熟，浸泡在彼此流出的美味湯汁裡，然後開始享用幾乎不費工夫的美味晚餐。簡單得不得了，不用謝了。

2 隻帶骨、帶皮的雞腿（約 570 克）

2 茶匙細海鹽，分開放

1 茶匙咖哩粉

1/2 茶匙現磨黑胡椒

1/4 茶匙大蒜粉

1/4 茶匙甜椒粉

4 湯匙酪梨油，分開放

1/2 中型高麗菜，撕開

3 瓣大蒜，切碎（約 1 湯匙）

1. 烤盤放到烤箱正中間，烤箱預熱至攝氏 190 度。

2. 雞肉拍乾，用 1 茶匙鹽、咖哩粉、辣椒粉、大蒜粉、甜椒粉調味。

3. 開中大火，用一個大型鑄鐵煎鍋或耐熱煎鍋熱 1 湯匙酪梨油，雞皮朝下放進鍋子裡封煎雞肉，直到雞皮轉為金黃棕色，約 7-8 分鐘。雞肉放到盤子上，雞皮朝上。

4. 轉為中火。剩下 3 湯匙酪梨油加進來，在鍋子裡畫圈加熱。加入高麗菜、大蒜、剩下 1 茶匙鹽一起拌炒，偶爾翻動，直到高麗菜開始變軟，約 5 分鐘。

5. 雞肉放回煎鍋裡，雞皮朝上，把鍋子放進烤箱。烤到雞肉熟透，電子溫度計插進肉最厚的部位，溫度應為攝氏 73 度，約 20-25 分鐘，確認後移出烤箱。試吃看看高麗菜，需要的話可以再調味。趁熱享用。

雞肉沙威瑪

份量：4 人份 ｜ **備料**：20 分鐘，醃肉至少 1 小時 ｜ **烹煮時間**：25 分鐘

　　雞肉沙威瑪是地中海風味的美食。通常都用旋轉烤肉架烤，但我們把做法極度簡化，只要烤就可以了。香料增添了不同層次的誘人香氣，也有益於健康。薑黃能抗發炎，香菜可以幫忙控制血糖，辣椒則富含抗氧化劑。這道佳餚可以搭配口袋餅或放在沙拉上一起吃，淋一點中東芝麻醬或一匙希臘優格醬更美味。

2 又 1/2 茶匙薑黃粉

3/4 湯匙切碎的香菜

3/4 湯匙大蒜粉

3/4 湯匙甜椒粉

1/2 茶匙卡宴辣椒

680 克去骨、去皮雞腿

1/2 茶匙和一小撮細海鹽，分開放

1 顆大型白洋蔥，切成薄片

1 顆檸檬擠成汁，分開放

1/3 杯加 2 湯匙特級初榨橄欖油，
分開放，塗一點在鍋子上

1 條黃瓜

1 顆番茄

1/2 杯無籽黑橄欖

配菜：

4 個無麩質口袋餅，熱的切半，或
大片的生菜葉

1/4 杯大蒜醬、中東芝麻醬或希臘
優格醬，自製（請參考第 350 頁）
或商店購入

醃蕪菁（可加可不加）

1. 用一個小碗把薑黃、香菜、大蒜粉、甜椒粉、卡宴辣椒倒在一起混合。

2. 雞肉拍乾，1/2 茶匙鹽抹在雞肉兩面，然後切成薄片，約一口大小，大約 2.5-5 公分的大小。把雞肉片放在大碗裡，香料混合物放進碗裡，攪拌均勻。放進洋蔥，1 湯匙檸檬汁和 1/3 杯橄欖油，輕輕地攪拌。蓋上蓋子冷藏至少 1 小時，最多隔夜。

3. 烤箱預熱至攝氏 220 度。烤箱預熱的同時，把雞肉從冰箱裡拿出來靜置於室溫下。在有邊框的烤盤上稍微塗點油。

4. 調味好的雞肉平鋪一層在烤盤上，烤到熟透並呈現金黃色，約 25 分鐘。烤程一半時要記得翻動雞肉。

5. 烤雞肉時，把小黃瓜和番茄切成入口大小，放進中碗裡。加入橄欖、剩下的 2 湯匙油、1 湯匙檸檬汁和一小撮鹽，通通拌在一起。

6. 烤好的雞肉和小黃瓜沙拉可以和口袋餅一起享用，或是用生菜葉包大蒜醬、中東芝麻醬、希臘優格醬和醃蕪菁，依照個人口味搭配。

備註：

大蒜醬是一種濃稠、口感濃郁的醬料，大蒜在美乃滋、油或奶油中乳化製成。通常可以在中東雜貨店的冷藏區找到它，也可以試試看第 352 頁香蒜蒔蘿優格沾醬。

中東芝麻醬是一種中東調味品，由磨碎的芝麻籽製成，可以在中東雜貨店找到，越來越多大型零售店的醬料區也有販售。它呈現的形式不太相同，有些很稀，有些則比較濃稠、糊狀。方便起見，我們喜歡用較稀的芝麻醬淋在食物上或拌進調料。但如果濃稠的比較好買，加一點熱水攪拌就能輕鬆變稀一點（或是熱水加一點檸檬汁），每次加一點，直到濃稠度符合你的需求。

到中東雜貨店找醃蕪菁，搭配任何雞肉菜餚都能增添清脆感。

辣蜂蜜雞翅

份量：4 人份 ｜ **備料：**10 分鐘 ｜ **烹煮時間：**40 分鐘

　　甜甜辣辣的雞翅是最適合派對的食物，當然了，但誰說你不能想吃就吃？把一碗雞翅放在桌上，準備好一疊紙巾，一頓平凡的晚餐也可以像有趣的派對。你可以買現成的辣蜂蜜醬（就是混合了蜂蜜和辣醬），但我們比較喜歡自己調製。

900 克雞翅

3 瓣大蒜，切碎（約 1 湯匙）

1 茶匙薑粉

1 茶匙煙燻紅椒粉

1 茶匙細海鹽

1/3 杯生蜂蜜

2 湯匙椰子氨基調味醬油

2 湯匙辣醬

1. 烤箱預熱至攝氏 220 度。在一個有邊框的烤盤上鋪好烘焙紙。

2. 雞翅用餐巾紙拍乾，放在一個大碗裡。加入大蒜、薑、煙燻紅椒粉和鹽，輕輕拌勻。

3. 雞翅平放在烤盤上，烤到熟透且表面呈金黃色，約 40 分鐘；烤程一半時記得翻面。

4. 在烤雞翅的同時來做醬料：用一個大碗拌勻蜂蜜、椰子氨基醬油和辣醬。

5. 雞翅拿出烤箱後靜置 5 分鐘。把雞翅移到碗裡淋上醬料，拌一下讓每塊雞翅都抹上醬料。馬上開動吧。

氣炸辣雞腿

份量：4 人份 ｜ **備料：**5 分鐘，醃肉 1 小時 ｜ **烹煮時間：**30 分鐘

　　這就是「簡單到稱不上是食譜」的食譜之一，但我們列出來是想告訴你，做出多汁、美味、多樣的蛋白質菜餚是多簡單的事。這道雞肉料理放在沙拉上就是絕配，沾一些第 352 頁教的香蒜蒔蘿優格沾醬，或是當作給孩子們的點心都很合適。細節很容易把人壓垮，很多人認為一頓飯就要有一定的份量，點心就要像點心的樣子，但我們想說的是，煮得好吃、有酥脆外皮的雞腿完全不受限，適合任何被飢餓感襲擊的時刻。我們喜歡用氣炸鍋做這道菜，不只因為做起來超簡單，而且氣炸出來的雞腿肉質多汁、外皮酥脆。但氣炸鍋不是必需品，替代方案是烤箱和瓦斯爐，分成兩個步驟，一樣可以得到美味的雞腿。

4 隻無骨雞腿，最好帶皮
（約 680 克）

1 湯匙辣醬

1 茶匙大蒜粉

1 茶匙煙燻紅椒粉

1/2 茶匙卡宴辣椒

1/2 茶匙洋蔥粉

1/2 茶匙細海鹽

1. 雞腿用廚房紙巾拍乾，放在長 22 公分、寬 33 公分的玻璃烤盤上，或有蓋子的大碗裡。淋上辣醬、大蒜粉、煙燻紅椒粉、卡宴辣椒、洋蔥粉、鹽，攪拌讓雞腿沾到醬料，放進冰箱醃漬至少 1 小時，最多隔夜。

2. 氣炸鍋預熱至攝氏 190 度，約 5 分鐘。氣炸鍋預熱完成後，在烤籃上噴烹飪噴霧油，雞腿平放在烤籃裡，雞皮朝下，氣炸約 8-10 分鐘，或到雞肉熟透（如果雞肉無法平放一層在烤籃裡，就分批氣炸雞肉）。

3. 雞腿肉翻面，烤到雞皮酥脆呈金黃色，電子溫度計插進肉最厚的地方，溫度應為攝氏 73 度（你也可以切開一塊雞肉目測看熟度），約 7-8 分鐘以上。

4. 上桌前讓雞肉靜置 5 分鐘。

沒有氣炸鍋？沒關係

步驟 1 照做，烤箱預熱到攝氏 230 度。拿一個大鑄鐵煎鍋，開大火熱 2 湯匙無鹽奶油，但不要讓奶油冒煙。把雞肉放進煎鍋，雞皮朝下，煎 2 分鐘。轉到中火繼續煎到雞皮金黃色，約 10 分鐘。把煎鍋移到烤箱，烤 10 分鐘。翻動雞腿，繼續烤到雞肉熟透（中心溫度應該是攝氏 73 度），且外皮有脆度，大約再 5-7 分鐘。移到盤子上，上桌前靜置 5 分鐘。

墨西哥雞絲盆

份量：2 人份 | **備料**：15 分鐘 | **烹煮時間**：2 小時

　　這是一道簡單又美味的菜餚，會讓你想起你最喜歡的墨西哥速食店的捲餅碗，這就是比較健康、少鹽的版本。你可以配一些飯，或是讓它維持這個低碳版本，也可以搭配花椰菜米（參考第 266 頁食譜）。加點切絲的巧達起司或傑克乳酪（或都加）也是絕不出錯的組合。

2 塊去骨、去皮的雞胸（約 450 克）

1/2 杯雞骨湯

1/4 茶匙辣椒粉

1/4 茶匙磨碎的孜然

1/4 茶匙洋蔥粉

1/4 茶匙現磨黑胡椒

1 顆大的綠色甜椒，去籽

1 顆中型黃洋蔥

1/4 杯特級初榨橄欖油

1/2 杯莎莎醬

細海鹽

酪梨醬：

1 顆大顆酪梨，去皮去籽

1/4 杯番茄，切丁

1/8 茶匙大蒜粉

1/8 茶匙洋蔥粉

1/4 茶匙細海鹽，可以多備一點完成時灑上

1/8 茶匙現磨黑胡椒

1 茶匙新鮮萊姆汁

1. 把雞肉放進 6.6 公升慢燉鍋，倒進雞骨湯，加入辣椒粉、孜然、洋蔥粉、黑胡椒。蓋上蓋子，轉大火烹煮到雞肉熟透，能輕鬆用叉子剝開雞肉，約 2 小時。

2. 同時來烤蔬菜：烤箱預熱至攝氏 190 度。甜椒和洋蔥切到約 1.2 公分厚的切片，把甜椒和洋蔥切片放在長 25 公分、寬 38 公分的玻璃烤盤，淋上橄欖油，蔬菜均勻平鋪在烤盤上，烤到變軟，洋蔥稍微出現焦糖化棕點，攪拌一次至兩次，約 50 分鐘。

3. 雞肉快煮好時，開始製作酪梨醬：把酪梨放在中碗，用叉子壓成泥。拌入番茄、大蒜粉、洋蔥粉、鹽、胡椒和萊姆汁，壓扁攪拌到質地變濃稠（或滑順），照個人喜好。

4. 煮好的雞肉移到砧板上，用兩支叉子把肉撥開，用鹽調味。把雞肉分到兩個碗裡，兩個碗平均加入烤好的甜椒和洋蔥，一大匙莎莎醬和酪梨醬，即可上桌。

手撕雞玉米餅

份量：4 人份 │ 備料：10 分鐘 │ 烹煮時間：2 小時

　　每個人都喜歡墨西哥捲餅之夜（或是，玉米餅之夜也行），如果預先準備好雞肉，那又更簡單了，把所有食材放在桌子上，讓大家自己搭配喜歡的食材吃。我們喜歡用這些買來的玉米餅（你可以在買得到硬玉米餅的商店買）做開放式脆餅，不過這是低碳版本，會搭配雞肉和其他配菜，用比布生菜包起來，或鋪在切碎的蘿蔓生菜上吃。

2 塊無骨、去皮雞胸（約 450 克）

1/2 杯雞骨湯

1/4 杯新鮮柳橙汁（用 1 顆小型柳橙擠汁）

1/4 茶匙現磨黑胡椒

1/4 茶匙磨碎的孜然

1/4 茶匙大蒜粉

1/4 茶匙乾燥牛至葉

1/4 茶匙煙燻甜椒粉

細海鹽

8 份硬玉米餅（約 15 公分）

1 杯切絲切達起司（約 110 克）

1/2 顆中型紅洋蔥，切丁

裝飾：

1 顆大型酪梨，去籽、切丁

煙燻墨西哥辣椒

自選一種辣醬

切塊萊姆

1. 把雞肉放進 6.6 公升慢燉鍋，加入雞骨湯、柳橙汁、胡椒、孜然、大蒜粉、牛至葉、甜椒粉，蓋上蓋子轉大火，煮到雞肉熟透，用叉子就能剝開，約 2 小時。

2. 把雞肉移到砧板上，用兩支叉子撥成雞肉絲，用鹽調味。把烤箱轉到直烤模式。

3. 把玉米餅組合起來：把玉米餅放在有邊框的烤盤上，每個玉米餅放 1/2 杯雞絲，一些起司和幾片洋蔥，直烤約 5 分鐘。拿出來後放上切丁的酪梨，切片的墨西哥辣椒、辣醬、擠上萊姆汁。

如何輕鬆做出雞絲？

我們喜歡把簡單的食材，像雞絲，依照喜歡的口味做成簡單又美味的佳餚，就像這道菜。這是我們的基本步驟：把去骨雞胸放進 6.6 公升慢燉鍋，然後倒進雞骨湯，用乾燥香草調味，或依據個人口味加入辛香料。蓋上蓋子轉大火，煮到雞肉熟透，用叉子就能輕鬆撥開雞肉，約 2 小時。每 450 克雞肉需要加入 1/2 杯雞骨湯，還有共 3/4 至 1 又 1/4 茶匙的乾燥香料、辛香料。還能透過添加的湯汁變化風味，如檸檬汁和雞骨湯，或是用新鮮香草取代乾燥香草。

茴香雞肉沙拉佐亞洲梨

份量：2 人份 | **備料：**8 分鐘

　　某些日子裡，再沒有什麼比吃剩的冷雞肉（當然要帶皮）更美味。當你只剩下能處理剩菜的時間和精力，這個食譜能把冷雞肉提升到更美味的層次，甚至能帶出去野餐。我們喜歡用亞洲梨代替糖分和脆脆的口感，但你喜歡的話可以換成其他梨或蘋果。

3 湯匙研磨芥末

2 湯匙酪梨油美乃滋或特級初榨橄欖油

1 茶匙新鮮檸檬汁

細海鹽和現磨黑胡椒

2 杯烤雞肉絲（白肉和深色部位的肉，帶皮，約 225 克）

1 顆球莖茴香，切細丁（約 1/2 杯）

1 顆亞洲梨，去核切丁（約 2 杯）

55 克生核桃，切碎（約 1/2 杯）

包心萵苣葉，配菜（自由選擇）

1. 拿一個小碗，加入芥末、美乃滋、檸檬汁攪拌，用鹽和胡椒調味。

2. 拿一個大碗，加入雞肉、球莖茴香、亞洲梨、核桃。加進芥末醬，攪拌到醬料與雞肉均勻混合。試吃看看，需要的話可以再加鹽和胡椒調味。

3. 馬上就可以吃了，或是挖一勺配包心萵苣吃。

備註：

第 120 頁食譜吃剩的烤雞肉就可以拿來做這道菜，市售的烤雞肉也可以。如果你的球莖茴香買來的時候有葉子，可以拿來當沙拉的裝飾。

甜辣橙汁鴨翅

份量：2 人份 | **備料**：5 分鐘 | **烹煮時間**：35 分鐘

　　雞翅很美味，那鴨翅呢？超級美味。脆脆的鴨皮，濃郁、具野味的肉質，真的太美味了。加入一些簡單的調味，烤一下就能上桌——別忘了準備一大疊紙巾。

3 湯匙磨好的橙皮

1/4 杯新鮮柳橙汁（用 1 顆小柳橙擠出）

1/2 杯甜的紅辣椒醬

2 茶匙椰子氨基調味醬油

1-3 茶匙哈里薩辣醬，依你想要的辣度添加（自由選擇）

2 茶匙紅椒粉

450 克鴨翅

2 根青蔥，只要蔥綠，切成蔥花

1/4 杯切碎的生腰果

1. 烤箱預熱至攝氏 220 度。烘焙紙平鋪在有邊框的烤盤上。

2. 用一個大碗，放入橙皮、柳橙汁、帶甜味的辣醬、椰子氨基醬油、1 茶匙哈里薩辣醬（要加的話）和紅椒粉。試吃看看，如果你想要更辣，就再加哈里薩辣醬。把一半的醬移到另一個大碗裡。

3. 把鴨翅放進其中一個碗，拌勻讓鴨翅沾上醬汁。把鴨翅平鋪在烤盤上，剩下的湯汁倒進另一個碗裡。開始烤鴨翅，烤程中翻面一次，直到鴨翅熟透，醬汁開始焦糖化並變得濃稠，約 35 分鐘。

4. 把鴨翅從烤箱裡拿出來。烤好的鴨翅放進有醬汁的碗裡，拌一拌讓鴨翅充分沾上醬汁。把鴨翅堆放在盤子上，撒上青蔥和腰果就可以上桌了。

備註：

> 鴨翅可能不像雞翅一樣好買，但它豐富、濃郁的香氣，值得你多花一點力氣去找。通常在市場和肉鋪都會有賣。

氣炸香草奶油火雞胸

份量：4 人份 | **備料**：10 分鐘 | **烹煮時間**：30 分鐘

　　我們承認不是每個人都像我們一樣如此熱愛暗色肉（沒關係的，多給我們一點大腿和棒腿），所以我們找了很多能讓白肉原本偏淡、偏乾的味道變得更美味的食譜。當然，濃厚的醬汁、裹粉或油炸都可以，但你不會想用這些方法。所以我們改用氣炸鍋，加上豐富的奶油和調味。結果是：得到多汁、香氣濃郁的帶皮火腿雞胸，你絕對等不到假日才享用它（專家級訣竅：也不用等了）。這個食譜我們改用氣炸鍋，因為比傳統烤箱更快，而且烤完的成品會更美味，但如果你沒有氣炸鍋，就用烤箱做也沒問題。

一塊去骨火雞胸（約 900 克），帶皮

2 茶匙細海鹽

1 又 1/2 茶匙現磨黑胡椒

3 湯匙（45 克）無鹽奶油，融化

3 瓣大蒜，切碎（約 1 湯匙）

2 茶匙新鮮迷迭香，切碎

2 茶匙新鮮百里香，切碎

1. 火雞胸用廚房紙巾拍乾，兩面用鹽和胡椒調味。

2. 氣炸鍋用攝氏 180 度預熱 5 分鐘。氣炸烤籃噴上烹飪噴霧油，把火雞胸放在烤籃裡，火雞皮朝下，用攝氏 190 度氣炸 15 分鐘。

3. 同時用一個小碗把融化奶油、大蒜、迷迭香、百里香混合在一起。

4. 把火雞胸翻面，火雞皮朝上，用融合香料的奶油抹在火雞皮上。放回氣炸鍋繼續氣炸，直到電子溫度計插進肉最厚的部位讀到溫度為攝氏 73 度，約 15 分鐘以上。

5. 火雞胸移到砧板上，用錫箔紙稍微蓋住，靜置至少 5 分鐘，然後再切片上桌。吃不完的包起來，放進冰箱冷藏，最多可保存 5 天。

沒有氣炸鍋？沒關係！

烤箱預熱至攝氏 180 度，完成步驟 1 和 3，火雞皮朝上，把火雞胸放在烤盤的架子上，外皮抹上混合香料的奶油。用鋁箔紙蓋住，烤到肉最厚的部位約攝氏 73 度，約 1 小時 30 分鐘。從烤箱裡拿出來後，在鋁箔紙下靜置 10 分鐘，再切片上桌。烤盤底部的醬汁倒出來，上桌前淋在火雞胸上。

火雞甘藍菜碗

份量：4 人份 | **備料**：5 分鐘 | **烹煮時間**：15 分鐘

睡個好覺，多喝水，打電話給媽媽，有時候好的建議總是不那麼誘人。而食物也是這樣——有時我們最喜歡、會一次次選擇的食譜，就是簡單且美味。說的就是這個食譜：5 種食材，不貴、快速、簡單又有營養。

2 湯匙酪梨油，分開放

1/2 顆大型紫甘藍，切絲或切碎（約 4 杯）

細海鹽

1/4 杯椰子氨基調味醬油

450 克火雞絞肉（85% 瘦肉）

1 湯匙烤芝麻籽

現磨黑胡椒

1. 開中火預熱一個大的長柄煎鍋（有的話一個炒鍋也可以）到鍋子變燙，倒 1 湯匙酪梨油，在鍋子裡畫圈攪拌。加入甘藍菜、大膽地加鹽調味，繼續煮，偶爾拌炒一下，到時才開始軟化，約 5 分鐘。倒入椰子氨基醬油，蓋上蓋子繼續燜煮，偶爾拌炒，到甘藍菜變得非常軟，約 10 分鐘以上。

2. 同時，開中火用另一個大的長柄煎鍋熱剩下的 1 湯匙酪梨油。加入火雞絞肉，持續拌炒，直到肉熟透，表面出現棕色點點，約 8 分鐘。

3. 火雞絞肉加入甘藍菜炒鍋，攪拌讓食材均勻混合。把甘藍菜和火雞肉結合的炒料分為 4 碗，上面灑一些芝麻籽，用鹽和胡椒調味，趁熱享用。

如何烘烤芝麻籽？

你可以在市場買到預先烤好的芝麻籽，但自己動手做也很簡單。要烤芝麻籽，首先把芝麻籽撒在大的鑄鐵煎鍋上，開中低火，開始乾煎，偶爾拌炒，到芝麻籽呈現棕色並釋出油脂，約 5-7 分鐘。完成後馬上從煎鍋裡倒出來，以免燒焦。

甜椒鑲肉

份量：4 人份 ｜ **備料**：15 分鐘 ｜ **烹煮時間**：50 分鐘

　　我們喜歡用火雞絞肉加培根塞進甜椒裡，但可以換成任何你喜歡的絞肉。可以預先準備食材，封起來冰進冰箱，要吃的時候拿出來烤熱就能吃了（如果直接從冰箱拿出來烤，要記得多烤幾分鐘）。

8 顆小型甜椒（任何顏色都可以），切掉甜椒頭，除去籽和棉絮組織

1 湯匙（15 克）無鹽奶油或酪梨油

110 克培根（約 4 片），切碎

1/2 顆紅洋蔥，切碎（約 1 杯）

1 包（340 克）褐色蘑菇，切丁

450 克火雞絞肉

1 杯切絲莫札瑞拉起司（約110克）

細海鹽和現磨黑胡椒，裝飾用

1. 烤箱預熱至攝氏 205 度。把一個約 3.5 公升烤盤抹油，甜椒切面朝上放進烤盤裡（需要的話修切一下底部，讓它們可以直立在烤盤上）。

2. 開中火用一個大的長柄煎鍋熱奶油，加入培根攪拌，直到培根切片的脂肪開始變透明，約 5 分鐘。加入洋蔥和蘑菇，繼續攪拌到洋蔥變透明、蘑菇軟化，約 5 分鐘。

3. 加入火雞絞肉，攪拌的同時用木匙把肉撥散，到肉從粉紅色變白，約 7 分鐘。用濾匙把火雞肉等食材放到大碗裡，碗裡多餘的湯汁濾掉。

4. 把火雞絞肉均勻地放進甜椒裡，上方撒上切達起司，烤盤用錫箔紙蓋上。

5. 放進烤箱烤到甜椒變軟，約 30 分鐘。打開錫箔紙，繼續烤到起司冒泡，約 5 分鐘以上。最後撒上鹽和胡椒就能上桌。

備註：

也可以換成你喜歡的起司種類。

第五章

豬肉

木須豬肉碗

份量： 4 人份 ｜ **備料：** 20 分鐘 ｜ **烹煮時間：** 20 分鐘

　　木須肉是最受歡迎的外帶食物。肉和蔬菜加上薑、大蒜煸炒，淋一點海鮮醬？當然！這裡來點微肉食的華麗升級，蛋白質到蔬菜的比例都拉到更高。木須肉碗的版本捨棄了傳統的薄餅，你可以換成喜歡的玉米餅或配飯吃。我們也提供海鮮醬的選項，且強烈推薦搭配海鮮醬，它濃烈的甜味結合了是拉差辣椒醬的辣度，讓這道菜餚更加可口。

3 湯匙加 1 茶匙椰子氨基調味醬油

1 湯匙味醂

1 茶匙魚露

1 茶匙葛根粉

4 湯匙酪梨油，分開放

170 克香菇，去梗，菇帽切薄片

細海鹽

450 克去骨豬里肌排，切成細條

現磨黑胡椒

3 顆大型蛋，打散

4 根細蔥，蔥白與淺綠段，斜切成對角片狀（約 1/4 杯）

3 瓣大蒜，切碎（約 1 湯匙）

1 又 1/2 湯匙新鮮薑，切碎

1 袋甘藍絲（約 340 克），加入 1 湯匙烤芝麻油混合

無麩質海鮮醬，配菜（自由選擇）

是拉差辣椒醬，配菜（自由選擇）

1. 用一個小碗把 3 湯匙椰子氨基醬油、味醂、魚露攪拌在一起。另一個小碗用 1 茶匙水溶解葛根粉。

2. 開中大火，用一個大型長柄煎鍋熱 1 湯匙酪梨油（有炒鍋也可以用炒鍋），加入香菇、灑鹽烹煮，偶爾攪拌一下，直到食材軟化，出現金黃色點點，約 6-7 分鐘，移到碗裡。加入 1 湯匙油到鍋子裡，攪拌讓鍋子沾滿油。加入豬肉，稍微用鹽和胡椒調味，炒到熟透且沒有粉色肉塊，約 1-2 分鐘，放進香菇碗裡，蓋上蓋子保溫。鍋裡多餘的湯汁倒掉。

3. 把火轉成中火，再加 1 湯匙油到鍋子裡，攪拌畫圈讓鍋子沾滿油。把 1 茶匙椰子氨基調味醬油拌進蛋裡，倒進鍋子裡，灑點鹽繼續拌炒，直到熟透，約 2 分鐘。分成小塊後移到另一個小碗裡。

4. 把火轉到中大火，加 1 湯匙油到鍋子裡，攪拌畫圈讓鍋子沾滿油。加入青蔥、大蒜、薑，炒到香氣飄出，約 1 分鐘。加入甘藍絲，稍微用鹽調味，煸炒到甘藍絲變軟，約 2-3 分鐘。

5. 香菇、豬肉和碗裡的湯汁再次倒回鍋子裡，加入椰子氨基醬油，拌炒到鍋子底部出現棕色渣渣。煮好的蛋再次放回鍋子裡，淋上已化開的葛根粉汁。繼續拌炒，直到湯汁變濃稠，所有食材都均勻沾上醬汁，約 1 分鐘。把鍋子從爐上移開，淋上芝麻油。分成 4 碗，想加的話這時候淋上海鮮醬和是拉差辣椒醬，上桌享用。

圓豬肉片佐芥末鍋底醬汁

份量：4 人份 ｜ **備料**：15 分鐘 ｜ **烹煮時間**：20 分鐘

　　鍋底醬汁是一種簡單的障眼法，即使是快速完成的平日晚餐都能藉此有不同的氣氛。用骨湯或紅酒讓煎封蛋白質時附著在煎鍋上的棕色焦香物浮起——在這個食譜中就是由豬里肌形成的焦香物（被稱為鍋底），到這裡你就快完成了。鍋底充滿香氣，所以不需要複雜的步驟就能做出完美醬汁。

1/2 杯雞骨湯

1 湯匙第戎芥末醬

1 又 1/2 茶匙楓糖

1/2 茶匙葛根粉

1 塊豬里肌（約 680 克），切成約 1.3 公分厚的肉片（約 16 片）

2 湯匙酪梨油，需要的話可多準備一點

細海鹽和現磨黑胡椒

1 根中型青蔥，切碎（約 1/2 杯）

1 茶匙新鮮迷迭香，切碎

1 湯匙新鮮平葉巴西里，切碎，裝飾用（可用可不用）

1. 把骨湯、芥末、楓糖放進碗裡攪拌。用一個小碗，加入 1/2 茶匙的水化開葛根粉。

2. 豬肉片用廚房紙巾拍乾，放在砧板上。把主廚刀一面放在豬肉片上，用手掌根壓在刀身上，把豬肉壓到約 0.6 公分厚，其餘肉片也一樣處理。

3. 開大火用大型長柄煎鍋熱酪梨油，稍微用鹽和胡椒調味豬肉。把豬肉片放上煎鍋，兩面都要煎封，翻面一次，共 2-3 分鐘。把肉片移到盤子上，用錫箔紙稍微蓋住以保溫（需要的話可分批處理肉片，以免煎鍋過於擁擠；每一批之間要補一些油在煎鍋上）。

4. 把火轉為中火，如果煎鍋裡的油少於 1 湯匙，就再加一點油，維持油量在 1 湯匙左右。青蔥放進鍋裡，稍微撒點鹽，持續拌炒到青蔥軟化轉為金黃色，約 2-3 分鐘。把拌好的骨湯倒進煎鍋裡，拌到底部能撈起棕色焦香物。把火轉為中小火，加入迷迭香，燉煮到鍋裡的湯汁剩下 1/3，約 3-4 分鐘。

5. 再次拌勻葛根粉，倒進鍋裡拌勻。豬肉片和盤子裡的汁一起倒回鍋子裡，煮到豬肉熟透，醬汁濃稠，約 2-3 分鐘以上，豬肉片翻動 1-2 次，讓肉片沾滿醬汁。趁熱享用，喜歡的話可以淋幾湯匙醬汁在肉上，再灑一些巴西里。

烤地瓜皮

份量：4 人份 ｜ **備料**：5 分鐘 ｜ **烹煮時間**：1 小時

　　我們喜歡塞好吃的東西在另一個美味的食物裡，所以我們用地瓜皮裝滿熟的豬絞肉，上面鋪滿兩種起司，真的是終極療癒美食。如果你喜歡脆脆口感，可以灑一些豬皮粉。如果你手邊有雞肉、火雞、牛肉的絞肉，也可以把豬肉換成任何一種。

4 顆中型地瓜，洗後擦乾

2 湯匙酪梨油，分開放

細海鹽

450 克豬絞肉

現磨黑胡椒

1 杯切絲切達起司（約 110 克）

1 杯切絲莫札瑞拉起司（約 110 克）

1/4 杯細切蔥花

1/4 杯豬皮粉（可加可不加）

1. 烤箱預熱至攝氏 205 度。烘焙紙平鋪在一個有邊框的烤盤上。

2. 用叉子把整顆地瓜戳洞。用 1 湯匙酪梨油塗抹地瓜，撒點鹽。放在鋪好烘焙紙的烤盤上放進烤箱烤，烤到刀子可以戳穿過地瓜，約 1 小時。

3. 同時開中火，把剩下 1 湯匙酪梨油放進大的鑄鐵煎鍋。加入豬肉拌炒，讓肉均勻散開，煮到熟透，肉質不再是粉紅色，約 10 分鐘，用鹽調味，試吃看看。

4. 地瓜從烤箱中拿出來，冷卻約 10 分鐘，或手可以拿起來不燙手的溫度。用一把銳利的刀，縱向從地瓜上方切一個裂縫，用叉子把豬絞肉塞進地瓜（你可以挖出一些地瓜，讓裡面有更多空間塞進餡料）。用鹽和黑胡椒調味，試吃看看。

5. 撥開地瓜裡煮好的絞肉，撒上起司、青蔥、豬皮粉。立刻享用。

慢燉肋排

份量：4 人份　｜　**備料**：15 分鐘　｜　**烹煮時間**：3 小時 30 分鐘

　　我們熱愛肋排！幾年前我們到德州奧斯汀出差，我們在一間很有名的烤肉店吃飯，貝絲點了肋排，骨架子很大，看起來太多了——不過當然，連同另一盤牛胸肉，我們全都吃光光了（團隊合作）。除了美味，還有讓人滿足的原始感（你沒得選擇，只能用手拿起來、用手吃），肋排也對荷包友善，又容易料理。抹上一些香料，讓烤架在烤箱裡低溫烘烤數小時，刷上你最喜歡的烤肉醬，準備大快朵頤吧！

3 湯匙椰糖

1 湯匙紅椒粉

1 又 1/2 茶匙煙燻紅椒粉

2 茶匙大蒜粉

2 茶匙細海鹽

1/2 茶匙現磨黑胡椒

1/2 茶匙芹菜籽，磨好（請見備註）

1-1.2 公斤上肋排（請見下方「如何準備肋排」）

1/2 杯烤肉醬

1. 烤箱預設至攝氏 135 度。烘焙紙平鋪在一個有邊框的烤盤上。

2. 用一個小碗，加入糖、紅椒粉、煙燻紅椒粉、大蒜粉、鹽、胡椒、磨好的芹菜籽，混合均勻。肋排拍乾，把肋排放在烤盤上，混合好的香料抹在肋排上。錫箔紙蓋住鍋子，烤到肋排熟透，肉可以從骨頭上剝離，約 2.5-3 小時。

3. 拿開錫箔紙。烤肉醬刷上肋排，把烤盤再次放回烤箱，烤到醬汁變熱、附著在肋排上，約 20-30 分鐘以上。趁熱享用（記得多備一些餐巾紙）。

備註：

你可以在超市香料區找到磨好的芹菜籽。如果當地超市沒有，也可以從線上香料店找到，如 Penzeys（美國網路）。

如何準備肋排？

豬肋排有薄膜，稱為筋膜，附著在肋排下側，烹煮前應該要先切除，有些肉類零售商會在處理肋排時一併切除。檢查一下你買的肋排有沒有薄膜，有的話，削皮刀從肋排下方滑動，切開它，然後用手指拔掉。拔掉大片的薄膜後，切除剩下殘留的薄膜（如果你和我們一樣懶，可以請肉販幫你處理）。

手撕豬肉

份量：約6杯（6-8人份） | **備料**：15分鐘 | **烹煮時間**：2小時45分鐘至3小時15分鐘

　　有爭議的觀點：要做手撕豬肉，荷蘭鍋比慢燉鍋好。因為我們更喜歡脆脆的口感，用慢燉鍋無法獲得這種口感。不過，用荷蘭鍋也沒有多少需要動手的部分，試試看這個做法吧——我們發誓，真的很棒，你不會想再用回舊方法。

3湯匙椰糖

2茶匙紅椒粉

1茶匙煙燻紅椒粉

2茶匙大蒜粉

1又1/2茶匙乾燥牛至葉

1茶匙辣椒粉

1茶匙細海鹽

1/2茶匙現磨黑胡椒

1.8公斤無骨豬肩肉，除掉多餘脂肪，切成5-7公分厚的肉片

2湯匙培根油或酪梨油，需要的話可多備一點

1/2杯雞骨湯

烤肉醬，配肉（自由選擇）

1. 烤箱預熱至攝氏150度。

2. 用一個大碗，放進糖、紅椒粉、煙燻紅椒粉、大蒜、牛至葉、辣椒粉、鹽、胡椒，混合均勻。豬肉片徹底拍乾，放進香料碗裡，均勻抹上香料。

3. 開中大火，用荷蘭鍋熱培根油。分批烹煮豬肉片，把肉片放進鍋子裡，用夾子翻面，直到每一面都呈金黃色，約5-7分鐘（不要讓鍋子太擁擠，需要的話每一批之間再加一點油）。

4. 所有豬肉都煎封好後，把肉再次放回鍋子裡（還有流出的肉汁），倒進骨湯，蓋上蓋子，放進烤箱。烤到肉熟透，可以輕鬆撕碎，幾乎所有湯汁都煮乾，脂肪流出，約2.5-3小時。肉應該已經浸濕，還有一些酥脆的小脆片。

5. 稍微冷卻，然後把肉撕開。試吃看看，需要的話再加點鹽和胡椒。馬上可以吃，或是冷卻後蓋上蓋子放進冰箱，之後再吃（可保存4天）。喜歡的話可以配烤肉醬吃。

備註：

> 如果經過3小時燜烤，鍋子裡還是有太多湯汁，把蓋子掀開，再直烤15-20分鐘。

香腸蘋果餡烤豬里肌捲

份量：6-8 人份 | **備料：**30 分鐘 | **烹煮時間：**1 小時 30 分鐘

　　如果你看到這個烤肉捲想著：「我絕對沒辦法做出這個。」別擔心，你一定可以。做法很簡單，成品美觀又美味，非常適合假日大餐或晚餐派對。提早一天做好餡料，蓋上蓋子冰起來。甚至可以提前幾小時把肉捲做好，準備好的時候再烤就可以了。綠色蔬菜如球芽甘藍，就是適合搭配濃郁、充滿肉香的豬肉。

2 湯匙酪梨油，分開放，需要的話可以多備一點

225 克甜味義大利香腸，去除腸衣

2 根中型青蔥，切丁（約 3/4 杯）

2 根小型芹菜梗，切丁（約 1/2 杯）

細海鹽和現磨黑胡椒

1 顆小型青蘋果，去核切丁（約 1 杯）

2 瓣大蒜，切碎（約 2 茶匙）

1/4 杯去皮杏仁粉

1 湯匙新鮮鼠尾草，切碎

1 湯匙無鹽奶油（約 15 克），置於室溫下

1 塊無骨豬里肌（約 1.3 公斤），切開攤平（請見備註）

1/2 杯雞骨湯

1. 烤箱預熱至攝氏 190 度。

2. 開中火，用一個大型長柄煎鍋熱 1 湯匙酪梨油。放進香腸，把肉撥散，拌炒到完全熟透，出現棕色點點，約 7-9 分鐘。用有溝槽的湯匙把香腸肉撈到中碗裡。如果鍋裡的油不足 1 湯匙，再加一點油補足到 1 湯匙的油量。

3. 把青蔥和芹菜放進煎鍋，撒點鹽和胡椒，偶爾攪拌，直到食材軟化，約 3-4 分鐘。放進蘋果、大蒜，稍微加點鹽調味，偶爾攪拌，直到蘋果軟化但不要糊掉，約 2 分鐘以上。放進香腸的碗裡，把煎鍋清乾淨。

4. 把杏仁粉、鼠尾草、奶油放進碗裡，把所有食材攪拌均勻，直到奶油融化。

5. 把肉放在檯面上，較窄的那一邊朝向自己，用廚房紙巾拍乾。如果肉的厚度超過 0.6 公分，上下鋪一張烘焙紙，用桿麵棍或紅酒瓶滾動壓扁到 0.6 公分以內。大膽撒上鹽和胡椒調味，把香腸餡分撒在豬肉上，每一邊留 2.5 公分。緊緊地把肉捲起來，每 2.5 公分用料理棉繩把肉綁緊，剪掉多餘的棉繩。

6. 開大火用煎鍋熱剩下的 1 湯匙酪梨油。把肉捲放進鍋裡煎封，用夾子翻面，煎到每一面都呈金黃色，約 8-10 分鐘。把肉捲移到烤肉盤裡的架子，在烤肉盤底部倒進骨湯，放進烤箱直烤，烤到電子溫度計插進肉捲中心溫度約為攝氏 63 度，約 55-65 分鐘。把肉捲移到砧板上，用錫箔紙稍微蓋住，靜置 10 分鐘。剪開料理棉繩，肉捲切片後即可上桌。

備註：

要把香腸肉從腸衣裡取出，只要抓住香腸一端，用力擠就可以擠出來。如果兩端密封住不好擠出肉，就用廚房剪刀把尾端剪開。

請肉販幫你對切開豬肉，當然你也可以自己做，那為什麼要請肉販處理呢？因為肉販絕對處理得更好、更快。

如果烤肉盤裡有剩餘的湯汁，過濾後一起上桌，用湯匙盛起來淋在肉捲上。

氣炸豬排

份量：4 人份 ｜ **備料**：25 分鐘，醃肉 30 分鐘 ｜ **烹煮時間**：12 分鐘

　　裹粉油炸的豬排，還有什麼比這個更美味？何不試試用豬皮粉裹上豬排然後氣炸，你可以用這個方法獲得超級美味、酥脆的豬排，又去掉非常多碳水化合物、油脂和不健康的物質。醃肉可以讓豬排吸飽香氣，絕對需要這道手續。還有香香甜甜的醬汁，它們會快速融合在一起，也是絕不可少的關鍵。

豬排：

1/4 杯猶太鹽

1/4 杯熱水

4 塊豬排（每片 113-140 克），壓扁到 0.6 公分厚

現磨黑胡椒

1/4 杯木薯粉

1 顆大型蛋

1 湯匙椰子氨基醬油

1 又 1/4 杯豬皮粉

炸豬排醬：

1/4 杯無糖番茄醬

1 又 1/2 湯匙伍斯特醬

1 湯匙椰子氨基醬油

1 茶匙第戎芥末醬

1/4 茶匙大蒜粉

1/4 茶匙薑粉

1/4 茶匙現磨黑胡椒

1/2 至 3/4 茶匙生蜂蜜

1. 製作豬排：用一個大型耐熱碗，把猶太鹽放進熱水攪拌到融化。加入 3 杯冷水，放進豬排，蓋上蓋子放進冰箱，冷藏至少 30 分鐘，最多 2 小時。

2. 製作醬料：用一個小碗，把番茄醬、伍斯特醬、椰子氨基調味醬油、芥末醬、大蒜粉、薑粉、胡椒和 1/2 茶匙蜂蜜拌在一起。試吃看看，需要的話再把 1/4 茶匙蜂蜜加進去。可以提前一天製作醬料，做好後蓋上蓋子冷藏，要用的時候再拿出來。

3. 把豬排從鹽水裡拿出來擦乾，鹽水倒掉。豬排要徹底拍乾，稍微用胡椒調味。把木薯粉放在淺盤裡，把蛋打在另一個淺盤，加入椰子氨基調味醬油，把豬皮粉放在第三個淺盤裡。氣炸鍋開攝氏 180 度，預熱 5 分鐘。

4. 一次處理一塊豬排，把豬排放進木薯粉，沾好後多餘的粉甩掉，然後放進蛋的盤子裡沾蛋液，除去多餘的蛋液。最後放進豬皮粉盤子裡，緊壓讓豬皮粉黏著在豬排上。把裹好粉的豬排放在盤子上。

5. 氣炸鍋烤籃噴好烹飪噴霧油，把豬排放進籃子裡，氣炸 8 分鐘，中間要翻面一次。溫度提高至攝氏 205 度，氣炸到豬排外皮呈金黃色，變酥脆外殼，約 3-4 分鐘以上，需翻面一次。打開氣炸鍋，但不要馬上拿出來，靜置 1-2 分鐘，然後移到砧板上。把豬排切片，搭配醬汁享用。

備註：

壓扁豬排時，上下要放烘焙紙，用桿麵棍或紅酒瓶壓，要緊緊地壓實，但不要太大力，太大力會導致豬排肉質撕裂。

如果不能一次把豬排平鋪在氣炸鍋烤籃裡，就分批氣炸。烤箱設置在攝氏 90 度，第一批氣炸完成的豬排放在烤箱的冷卻架上，分批氣炸豬排時把完成的豬排放進烤箱保溫。

快速能備好的配菜就是用煎鍋加入酪梨油，翻炒甘藍絲。喜歡的話可以加一點切碎的薑和大蒜，裝盤後可以拌進豬排醬享用。

早餐豬肉香腸餡餅

份量：4 人份 ｜ **備料**：5 分鐘 ｜ **烹煮時間**：15 分鐘

我們會叫它早餐香腸是因為裡面有楓糖，搭配我們食譜上任何蛋類料理（像照片裡的簡易馬克杯火腿歐姆蛋，請見第 212 頁食譜）都非常美味。但是動物蛋白的美妙之處（真的要制定你自己的食物規則）在於：可以在任何時間吃任何種類的食物。所以來吧，就在晚餐時間吃這些早餐餡餅，也許可以配一些防風草泥（請見第 270 頁），或是搭配一兩塊無碳水化合物的鬆餅（請見第 292 頁）。

豬 450 克豬絞肉

2 湯匙楓糖

1 又 1/2 茶匙細海鹽

1 茶匙現磨黑胡椒

1 茶匙大蒜粉

1/2 茶匙乾燥鼠尾草碎葉

1/4 茶匙肉桂粉

2 湯匙酥油，熱鍋用

1. 把豬絞肉、楓糖、鹽、胡椒、大蒜粉、鼠尾草、肉桂放在大碗裡，用手混合這些材料。

2. 把肉團分成 8 等分，每一份塑形成球狀，然後用手掌壓平，壓成 2.5 公分厚的肉餅。

3. 開中大火，用大型長柄煎鍋融化酥油。放上肉餅（必要的話可分批料理，以免鍋子過於擁擠），煎到一面呈現棕色，約 3-4 分鐘。小心翻動肉餅，煎到另一面也變棕色並整個熟透，約 2-3 分鐘以上。

越式生菜包烤豬肉

份量：12 人份 ｜ **備料**：10 分鐘，醃肉至少 1 小時 ｜ **烹煮時間**：5 小時 20 分鐘

　　這個食譜完美地展現降低碳水化合物、提高蛋白質導向的飲食也可以色彩繽紛、口感多樣（還有蔬菜）。這是一個適合家庭分享的有趣菜餚，小孩可以幫忙配菜，放在他們自己的生菜上。

醬料：

1/4 杯椰子氨基調味醬油

2 湯匙新鮮萊姆汁

2 湯匙椰糖

2 湯匙蘋果醋

2 湯匙大蒜辣椒醬

1 湯匙魚露

1 湯匙生蜂蜜

餡料：

1.1 公斤無骨豬肩肉，除去多餘脂肪

1 杯雞骨湯或豬骨湯

2 杯紅蘿蔔，切絲

1 杯烤花生，切碎
（自由選擇有鹽或無鹽）

1/2 杯新鮮薄荷，切碎

1 顆比布生菜或奶油萵苣，一片片剝開

1 顆大型或 2 顆小型萊姆，切塊，配菜用（自由選擇）

1. 用一個小碗把醬料材料全部放進去。

2. 把豬肩肉放在約 3.5 公升烤盤上，肉徹底拍乾。倒一半醬料在豬肉上，用手把醬料抹在豬肉表面。蓋上蓋子放進冰箱冷藏至少 1 小時，最多一晚。保留另一半醬料。

3. 烤箱預熱至攝氏 230 度。把豬肉從冰箱拿出來，放在室溫下回溫至少 30 分鐘。

4. 豬肉脂肪較多的那面朝下，放在至少 5 公分深的烤盤上；把骨湯倒進烤盤，包圍著豬肉。直烤至少 20 分鐘，然後把烤箱溫度降到攝氏 120 度，然後繼續烤到外表棕色、焦糖化，用叉子可以輕鬆插進豬肉中心，約 5 小時。把烤盤從烤箱拿出來，豬肉蓋上錫箔紙靜置約 30 分鐘。

5. 豬肉切成 2.5 公分厚的肉片，移到大碗裡。豬肉和紅蘿蔔、花生、薄荷、剩下的一半醬料用生菜包起來一起吃，喜歡的話可以加上萊姆塊。豬肉用密封保鮮盒裝，放進冰箱可保存最多 1 週，其他材料須分開冷藏。

香腸佐甜椒

份量：4 人份　|　**備料：**10 分鐘　|　**烹煮時間：**25 分鐘

　　這個組合之所以經典是有原因的。甜椒搭配炒洋蔥，就是味道濃郁的豬肉香腸的絕妙搭擋。在紐約小義大利一年一度的聖真納羅節日上，通常會搭配英雄麵包（一種無糖低碳麵包），但我們實在太喜歡香腸佐甜椒的組合，所以不想用麵包稀釋這種美味。帶甜味的義大利香腸（通常不「甜」，只是不辣）是經典組合，不過如果喜歡吃辣，換成辣味香腸也可以，或是試試你喜歡的各種口味。

2 茶匙酪梨油

450 克甜味義大利豬肉香腸串

1 顆白洋蔥，切片

3 瓣大蒜，切片

3 顆甜椒（任何顏色都可以），去籽切片

3/4 茶匙細海鹽

1/2 茶匙現磨黑胡椒

1/4 茶匙紅辣椒片

1/2 杯雞骨湯

1. 開中大火，用一個大型鑄鐵煎鍋熱酪梨油。放進香腸煎，偶爾翻動香腸串，到外皮變棕色，約 4 分鐘（不會完全煮熟）。把香腸移到砧板上，切片後放一邊備用。

2. 把洋蔥和大蒜放進煎鍋，偶爾攪拌，炒到食材軟化，約 3 分鐘。加入甜椒、鹽、黑胡椒、紅辣椒片，持續拌炒，到洋蔥呈現半透明狀，甜椒軟化，約 5 分鐘。

3. 倒入骨湯，刮底部會浮現棕色焦香物。把香腸放回煎鍋，轉為中火，蓋上蓋子。燉煮直到所有蔬菜全部煮熟軟化，約 10 分鐘。把蓋子掀起，轉為中大火，煮到湯汁蒸發，香腸煮熟，約 3 分鐘以上。

法式火腿起司三明治無麵包版

份量：4 人份 ｜ **備料**：5 分鐘 ｜ **烹煮時間**：14 分鐘

　　這是我們對豐富、奢華的法式火腿三明治詮釋的版本，沒有麵包但加了蘑菇，增添獨特口感與鮮味。我們保證這個版本一樣有滿足感：有你渴望火腿、起司帶來的所有好處。

2 湯匙（約 30 克）無鹽奶油

225 克洋菇，切碎（約 2 杯）

1 根小青蔥，切碎（約 1/4 杯）

2 瓣大蒜，切碎（約 2 茶匙）

一小撮細海鹽

1/8 茶匙現磨黑胡椒

一塊完整全熟無骨火腿肉（約 450 克），切成 4 片

1 杯葛瑞爾起司，切絲（約 110 克）

1 湯匙新鮮平葉巴西里，切碎（可加可不加）

1. 用一個大型不沾鍋長柄煎鍋，開中大火融化奶油。加入蘑菇和青蔥，拌炒直到軟化，約 4-6 分鐘。放進大蒜、鹽、黑胡椒，拌炒到大蒜飄出香氣，約 1 分鐘以上。炒好的食材放進碗裡，蓋上蓋子保溫。鍋子擦乾淨。

2. 開中火放上煎鍋，火腿片放進鍋子裡，煎到邊緣呈棕色，約 3 分鐘。翻動火腿，撒一些起司後蓋上蓋子，直到起司融化在火腿上，約 2-4 分鐘。

3. 把火腿片分別放到 4 個盤子上，擺上蘑菇，喜歡的話可再撒上巴西里，上桌享用。

備註：

完成後最好立刻享用。我們直說吧，融化過的起司再回溫就沒那麼好吃了。

烤豬排佐辣水果莎莎醬

份量：4 人份 | **備料**：5 分鐘，醃肉 1 小時 | **烹煮時間**：15 分鐘

　　這是一道非常適合夏日的餐點——點上火燒烤，享受甜美多汁的豬排，搭配清爽、帶點辣度的水果莎莎醬。烤豬排搭配蒜香金線瓜義大利麵（請見第 276 頁）也很合適。

4 根帶骨豬排，約 5 公分厚（約 900 克）

1/4 杯特級初榨橄欖油

1 湯匙椰糖

2 茶匙第戎芥末醬

1 湯匙椰子氨基調味醬油

1 茶匙新鮮檸檬汁

1/2 茶匙細海鹽

1/2 茶匙現磨黑胡椒

2 杯辣水果莎莎醬（請見第 358 頁）

1. 把豬排放在玻璃碗或 3.5 公升的密封袋。用一個中碗，放進橄欖油、糖、芥末醬、椰子氨基調味醬油、檸檬汁、鹽、胡椒，全部拌在一起。把醃料倒在肉上，肉的每一面均勻抹上醃料，確保肉都有抹上醃料。蓋上蓋子放進冰箱冷藏至少 1 小時，最多隔夜。要煮前 15 分鐘把豬排從冰箱裡拿出來回溫。

2. 用中火預熱戶外烤架或室內烤盤。把豬排從醃料裡拿出來，醃料倒掉。把豬排放上烤架或烤盤開始烤，翻面一次，直到你看到烤架開始變色，電子溫度計讀到豬排最厚的部位是攝氏 63 度，每一面約 6-8 分鐘。

3. 豬排移到砧板上，錫箔紙稍微蓋住，靜置 5 分鐘。豬排放上盤子，搭配莎莎醬一起享用。

義式潛艇堡沙拉

份量：2 人份 ｜ **備料**：5 分鐘，醃漬時間 8 小時

　　雖然我們幾乎捨棄了三明治，但我們熱愛豐盛、有橙香的義大利潛艇堡沙拉——層層堆疊、香氣濃郁的肉和起司，淋上酸酸的醬汁、胡椒、洋蔥、橄欖，是適合野餐的絕佳美食。而微肉食方案就是：高蛋白、低碳、解構的潛艇堡，也就是沙拉。你可以隨意讓其他肉類「潛入」這道菜，例如義式冷切肉、莫札瑞拉起司、辣椒、醃漬蔬菜和任何你喜歡的蔬菜。

55 克厚切火腿

55 克義大利香腸

55 克莫札瑞拉起司

85 克波芙隆起司，切片

1/2 顆紅洋蔥，切薄片

3-4 顆帶莖番茄，切成四等分

1/4 杯醃漬香蕉辣椒

1/4 杯黑橄欖，例如卡拉馬塔黑橄欖，去籽切碎

2 湯匙特級初榨橄欖油

2 湯匙巴薩米克醋

1/4 茶匙現磨黑胡椒

把肉和起司切成 2.5 公分的方塊，香蕉辣椒切細碎。洋蔥、番茄、黑橄欖放進大碗，淋上橄欖油和巴薩米克醋，撒上黑胡椒，攪拌到完全均勻。蓋上蓋子冷藏，要吃的時候拿出來即可。

備註：

> 如果你有義式醬料，可以略過油、醋、黑胡椒，用 3-4 湯匙醬料取代。

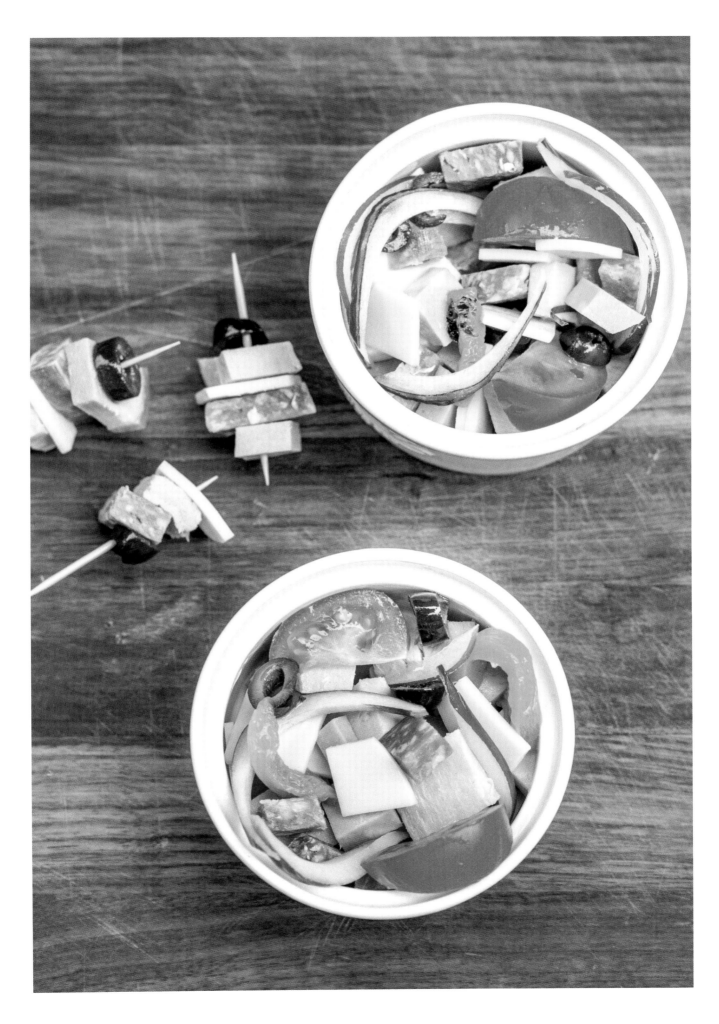

第六章
野味

咖啡香丹佛鹿腿

份量：4 人份 ｜ **備料**：10 分鐘，調味鹿肉 3 小時 ｜ **烹煮時間**：10 分鐘

　　鹿肉的丹佛腿就是鹿的後腿，去骨後切成好幾塊。一般來說鹿肉都是瘦肉，而動物的後腿因為常運動，脂肪量非常少，像這樣的肉你不會希望超過三分熟，不然肉質會太硬。這就是為什麼這個食譜的烹煮時間這麼短，步驟也這麼簡單：鹿肉本身就香氣濃郁，只需要精選香料塗抹，快速煎封，再放進烤箱幾分鐘就完成了。

680 克丹佛鹿腿

2 湯匙研磨咖啡粉

1 又 1/2 湯匙椰糖

1 又 1/2 茶匙煙燻紅椒粉

1 茶匙細海鹽

1 茶匙大蒜粉

1/2 茶匙辣椒粉

1/4 茶匙現磨黑胡椒

1/4 茶匙薑粉

1 湯匙酪梨油

1. 在有邊框的烤盤上放上冷卻架。把鹿肉整個拍乾。

2. 用一個小碗，放進咖啡粉、糖、煙燻辣椒粉、鹽、大蒜粉、辣椒粉、胡椒、薑，攪拌均勻，把混好的香料抹在鹿肉上。把鹿肉放在冷卻架上，連同烤盤一起放進冰箱冷藏至少 3 小時，最多 6 小時。鹿肉拿出冰箱後，烹煮前至少靜置室溫下 30 分鐘。

3. 烤箱預熱至攝氏 205 度；預熱烤箱時，把一個大型鑄鐵煎鍋放進烤箱。烤箱到設定溫度時，把煎鍋拿出來，開大火放上煎鍋。把油放進煎鍋裡，畫圈熱油。放上鹿肉開始煎封，到一面完成，約 2 分鐘。翻面後繼續煎封另一面，約 1-2 分鐘以上。再次翻面，把煎鍋放進烤箱，烤到電子溫度計插進鹿肉最厚的部分測出溫度為攝氏 48-51 度左右，約三分熟，4-6 分鐘。

4. 把鹿肉移到砧板上，用錫箔紙稍微蓋住，靜置 5-10 分鐘。逆紋切片後即可上桌。

為什麼選丹佛鹿腿？

丹佛鹿腿——整支去骨後腿並分切好的肉塊，是我們最喜歡的肉，因為肉質軟嫩又充滿香氣。這是比較貴的肉塊，但它的脂肪和筋膜都已經去除，所以你買的整塊肉幾乎都是可以吃的。我們看過 450 克小包裝，或是大份的 2250 克。如果你買到大包裝，但不打算馬上用完，問問你的肉販是不是已經是冷凍肉，因為鹿肉很常從紐西蘭進口，如果已經是冷凍肉，只要買你會用完的份量；如果不是就自己分裝，緊緊密封好，冷凍可保存 3 個月。如果你附近的肉販沒有賣鹿肉，你可以從 Fossil Farms（fossilfarms.com，英文網站）、Silver Fern Farms（us.silverfernfarms.com，英文網站）或 D'Artagnan（dartagnan.com，英文網站）；如果找不到丹佛鹿腿，找看看肉餅也可以，一樣是香氣濃郁的瘦肉，和丹佛鹿腿一樣的料理方式。

野牛邋遢喬肉醬

份量：4 人份　│　**備料**：10 分鐘　│　**烹煮時間**：40 分鐘

　　美味的老派邋遢喬肉醬，改用野牛肉成為現代版的，搭配簡單的食材，如無糖番茄醬和椰子氨基調味醬油，但依舊和記憶裡的一樣甜美可口。我們認為肉才是最重要的部分，所以捨棄了漢堡麵包（但我們還是有提供配肉醬的選項，請見下方），隔餐更美味。專家級訣竅：試試看在肉醬上蓋一顆半熟煎蛋。

2 湯匙培根油或酪梨油

1 顆大型洋蔥，切成細丁
（約 1 又 3/4 杯）

1 顆大型甜椒，去籽切成細丁
（約 1 杯）

細海鹽

3 瓣大蒜，切碎（約 1 湯匙）

680 克野牛絞肉

現磨黑胡椒

3/4 杯無糖番茄醬

1/3 杯椰子氨基調味醬油

3 湯匙蕃茄糊

1 茶匙生蜂蜜

1/2 茶匙魚露或伍斯特醬

1. 開中火，用一個大型長柄煎鍋熱培根油。加入洋蔥和甜椒，稍微用鹽調味，偶爾攪拌一下，直到食材軟化，約 5-7 分鐘。加入大蒜，炒到飄出香氣，約 1 分鐘。

2. 加入野牛絞肉，鹽和胡椒適度調味；繼續拌炒，用木匙把絞肉撥散，炒到肉完全熟透，開始有棕色點點，大部分汁液都蒸發完，約 8-10 分鐘。

3. 拌入番茄醬、椰子氨基調味醬油、蕃茄糊、魚露。轉小火，燉煮到醬汁變濃稠，香氣完全融合，約 15-20 分鐘。

備註：

> 雖然我們沒有要和漢堡麵包一起吃，但有個什麼能搭配還是很棒的（當然如果你想直接吃或是放上煎蛋，用肉食主義的方式享用就直接吃吧）。配肉醬的好選擇有花椰菜米（第 266 頁）、櫛瓜麵（第 268 頁）、生酮蛋麵包（第 298 頁）、炸大蕉餅（第 280 頁）。

開放式野牛起司漢堡排

份量：4 人份 | **備料**：15 分鐘 | **烹煮時間**：30 分鐘

　　野牛肉可以做成非常好吃的漢堡，但是要小心料理，因為野牛多是瘦肉，煮過頭就很容易太乾。時間點是關鍵，所以先把洋蔥和蘑菇備好，這樣你就可以專心處理漢堡排。一開始看起來好像有很多洋蔥和蘑菇，不過別擔心，煮下去就會縮水很多。一般來說，起司漢堡排會有兩面麵包夾著，而且是燒烤過的，但我們想用最少的麵包量來襯托漢堡排，所以我們烤現成麵包來節省步驟。如果你想讓漢堡排看起來更美味，把葛瑞爾起司換成瑞士起司。

2 湯匙（30 克）無鹽奶油，分開放

2 湯匙酪梨油，分開放

1 顆大型洋蔥，切絲（約 3 杯）

細海鹽

225 克褐色蘑菇，切片（約 4 杯）

2 茶匙新鮮鼠尾草，切碎

680 克野牛絞肉現磨黑胡椒

4 片瑞士起司

2 個無麩質英式馬芬，切開，或花椰菜餅，烤過

番茄醬、蛋黃醬、芥末醬或其他醬料（自由選擇）

酸黃瓜（可加可不加）

1. 用中小火熱大的鑄鐵鍋，或其他厚底煎鍋。融化 1/2 湯匙奶油和 1/2 湯匙油。加入洋蔥、撒點鹽，偶爾拌炒到食材軟化並焦糖化，約 20 分鐘。（如果洋蔥開始熟得太快，就把火轉小。如果熟得不均勻，加入幾湯匙水，拌炒到水蒸發。）把洋蔥倒到小碗保溫，煎鍋放在一邊準備肉餅。

2. 同時轉中火，熱一個中型煎鍋。融化另外 1/2 湯匙奶油和 1/2 湯匙的油。加入蘑菇、灑鹽，偶爾攪拌，到蘑菇水分蒸發開始轉為金黃色，約 10-15 分鐘。移到小碗裡保溫。

3. 用手把鼠尾草拌進野牛絞肉裡。把肉團分成 4 等分，塑形成 1.2 公分厚的肉排。用鹽和胡椒調味肉排。

4. 轉中大火，用剛才的大煎鍋融化 1 湯匙奶油和 1 湯匙油。把肉排放進煎鍋煎，翻面一次，直到漢堡排到理想的熟度，每一面約 3-5 分鐘，到三分熟（電子溫度計插進肉排中心讀到溫度約攝氏 60 度）。快完成的時候撒上起司，讓起司融化。

5. 上桌前把對半切好的英式馬芬或花椰菜餅分別放在 4 個盤子上。漢堡排各別放到 4 個盤子。洋蔥和蘑菇放在漢堡排上。搭配你喜歡的醬料和酸黃瓜，趁熱享用。

燉兔肉佐蘑菇與芥末醬

份量：4-6 人份　|　**備料**：20 分鐘，乾式醃漬兔肉 1 小時　|　**烹煮時間**：1 小時 35 分鐘

　　這個食譜源自海瑟・馬洛・湯瑪森（HeatherMarold Thomason），她是費城絕佳的肉鋪 Primal Supply Meats 創辦人。貝絲第一次遇到海瑟是為 Well+Good 網站的某篇文章專訪她，馬上就深深著迷於海瑟對人道飼養肉品的知識、細膩、熱情。而這道美味的菜餚完全體現了她的精神。花點時間處理乾式醃漬兔肉，能讓兔肉變得更多汁、美味；如果你肯花點功夫烹煮兔肉，也會得到更多益處。搭配防風草泥（請見第 270 頁）、花椰菜米（第 266 頁）、馬鈴薯泥或義式玉米糕都可以。

1 隻全兔（約 1350-1800 克），切成 6 等分

細海鹽

110 克培根（約 4 片），切塊

1 湯匙酪梨油，需要的話

225 克香菇，去掉梗，菇帽切片（約 4 杯）

1 顆大型洋蔥，切丁（約 1 又 3/4 杯）

2 湯匙第戎芥末醬

現磨黑胡椒

1 杯不甜的白酒

2 杯雞骨湯

1 茶匙雪莉醋

4 枝新鮮百里香

4 枝新鮮龍蒿

2 湯匙新鮮細蔥，切碎，裝飾用（可加可不加）

1. 把兔肉塊拍乾，整塊大膽地用鹽調味。放在盤子上蓋著，冰在冰箱至少 1 小時，最多隔夜。

2. 烤箱預熱至攝氏 190 度。用中低火熱一個荷蘭鍋，加入培根，偶爾翻炒，直到培根呈現金黃色，大部分脂肪溶出，約 10-12 分鐘。用有孔湯匙把培根撈出來備用。

3. 轉為中大火，放進兔肉開始煎，途中要翻面，到每一面呈棕色，共 6-8 分鐘（不要讓鍋裡太擁擠，需要的話可分批處理）。把變棕色的兔肉塊拿出來放在盤子上。

4. 如果鍋子裡沒有剩下足夠的油，加入一些酪梨油。放進香菇，用鹽調味，偶爾拌炒，到香菇開始軟化，約 4 分鐘。加入洋蔥，撒點鹽繼續拌炒，直到洋蔥和香菇開始變金黃色並軟化，約 5-6 分鐘以上。拌進芥末醬，用胡椒調味。

5. 倒入白酒攪拌，讓鍋子邊的肉屑脫離。倒進骨湯煮到微滾。把鍋子從爐上移開，拌進醋和備用的培根，讓兔肉塊浸到湯汁裡；只要浸泡到湯汁，不用整個泡進去（如果盤子裡有肉汁也一起倒進去）。把香草枝放在兔肉周圍，蓋上鍋蓋放進烤箱，烤到兔肉熟透，叉子能輕鬆叉進肉裡，約 1 小時。

6. 把兔肉塊移到耐熱盤上,完成醬料前先放在烤箱裡。把香草
   枝從湯汁裡拿出來,開大火把荷蘭鍋放上去,湯汁煮開,要
   一直攪拌,直到湯汁有一定的稠度,約 6-8 分鐘。試吃看
   看,需要的話再加鹽和胡椒調味。把兔肉分到 4 個淺盤裡,
   放上蘑菇和醬汁,喜歡的話可以撒上細蔥裝飾,上桌享用。

備註:

如果你自己分切兔肉,6 塊應該有 4 肢和對半的脊肉。

香腸與鴕鳥肉醬

份量：6 杯（約 6-8 人份） | **備料**：15 分鐘 | **烹煮時間**：1 小時 50 分鐘

　　這個濃郁的醬料打破傳統的部分在於我們選用鴕鳥肉，而不是牛絞肉。雖然鴕鳥是禽類，但牠的肉也算紅肉，看起來、吃起來都和牛絞肉很相似。鴕鳥肉富含維生素 B6 和 B12，以及鐵、鋅這些礦物質。最大的不同之處是鴕鳥肉的脂肪含量非常低，但這個食譜裡你不會覺得過乾，因為我們可以從橄欖油、豬肉香腸和少量鮮奶油攝取到豐富的油脂。在你有充裕時間燉煮的星期天，做這個美味的肉醬，你的收穫就是令人驚喜的香氣。櫛瓜麵（第 268 頁）也很適合搭配這個肉醬一起享用。

2 湯匙特級初榨橄欖油

1 顆中型洋蔥，切碎（約 1 又 1/2 杯）

1 條中型紅蘿蔔，切丁（約 1/2 杯）

1 根大型芹菜梗，切丁（約 1/2 杯）

細海鹽

225 克甜味義大利香腸，去除腸衣

340 克鴕鳥絞肉

現磨黑胡椒

3 瓣大蒜，切碎（約 1 湯匙）

2 湯匙蕃茄糊

1/2 茶匙紅辣椒片

1/2 杯不甜的紅酒

1 罐碎番茄罐頭（約 790 克）

2 湯匙鮮奶油，置於室溫下

2 片乾燥月桂葉

選擇一種麵條，煮熟，配肉醬吃

新鮮磨碎的帕瑪森起司，配肉醬（可加可不加）

1. 開中火，用一個大型單柄鍋熱橄欖油，加入洋蔥、紅蘿蔔、芹菜梗，灑鹽後繼續炒，偶爾攪拌到食材軟化，約 5-7 分鐘。把火轉到中大火，加入香腸後繼續炒，把肉撥開，炒到肉半熟，脂肪開始溶出，約 4-5 分鐘。放進鴕鳥肉，加入鹽和胡椒適度調味，一邊攪拌到肉散開，炒到鴕鳥肉和香腸都熟透，散成非常小的肉塊，約 4-5 分鐘以上。

2. 拌入大蒜，拌炒到飄出香氣，約 1 分鐘。拌入番茄糊和紅辣椒片，拌炒約 1 分鐘，直到充分加熱並融合在一起。倒進紅酒繼續拌炒，到紅酒幾乎煮乾，約 1 分鐘。放進番茄丁，充分攪拌到煮沸。把火轉到小火，拌入鮮奶油，放進月桂葉，然後讓肉醬繼續燉煮，不蓋鍋蓋，偶爾攪拌，煮到醬汁變濃稠，約 1 小時 30 分鐘。把月桂葉撈起來丟掉，試吃看看，需要的話再用鹽和胡椒調味。

3. 撈些麵條配肉醬一起吃，喜歡的話上面可以撒上帕瑪森起司。

備註：

如果你想為飲食盡可能地增添多樣性（就像我們），但又不想花大把時間學如何料理不同的肉，鴕鳥肉是一個很好的選擇，而絞肉就是最簡單的形式。

這個肉醬在做好的當天最好吃，不過如果能有時間開發各種吃法也很不錯。你可以放涼冷卻後蓋上蓋子，冰進冰箱至少 4 小時，最多隔夜，可用爐火小心地熱開。

麋鹿排沙拉

份量：2 人份 ｜ **備料**：15 分鐘 ｜ **烹煮時間**：3 分鐘

我們認為每個人都應該多吃麋鹿排，它和牛肉很像，但香氣更濃郁，儘管它可能不像你以為的野味。這種野味更優雅，也這是為什麼我們會把它放在精緻又單純的沙拉上，它本身的味道就非常美味，不過還是可以撒點鹽做調味。

340 克麋鹿後腿肉排

1 又 1/2 茶匙細海鹽

1 又 1/2 茶匙現磨黑胡椒

3 湯匙（45 克）無鹽奶油

4 杯綜合綠色蔬菜，如芝麻葉和菠菜

1 杯新鮮藍莓

55 克去殼葵瓜子，生的或烤過都可以

55 克菲達起司，弄成碎片

1 湯匙特級初榨橄欖油

1 湯匙巴薩米克醋

1. 用鹽和胡椒抹在整塊麋鹿排上，放在檯面 10 分鐘讓肉排回溫。

2. 開大火，用一個大型鑄鐵煎鍋融化奶油。放進麋鹿排，每一面煎封 60-90 秒，肉排中心應該還是粉紅色。把麋鹿排移到砧板上，用錫箔紙稍微蓋住，靜置約 5-7 分鐘。

3. 同時製作沙拉：把蔬菜、藍莓、葵瓜子、菲達起司放進大碗裡。放進橄欖油、醋，需要的話可用鹽和胡椒調味，然後把沙拉分成兩碗。

4. 把麋鹿排逆紋切成 2.5 公分厚的肉片，平均分到兩個碗裡。馬上上桌享用。

備註：

> 對牛肉愛好者來說，麋鹿肉是美味又有新意的蛋白質。買到麋鹿肉的最好方式就是找專業肉販、網路購買或和獵人成為朋友。麋鹿的肉質是深色且精瘦，富含蛋白質且脂肪含量低，有著和牛肉相似的濃郁風味，有點韌性，沒有一般野味的味道。因為它本身就有天然豐富的香氣，不太需要鹽和胡椒以外的調味；在這個食譜裡，搭上清爽有口感的簡單沙拉就很美味。

野豬肉丸

份量：4 人份 ｜ **備料：**7 分鐘 ｜ **烹煮時間：**20 分鐘

　　如果有更多人知道野豬肉的美味，肯定每間餐廳的菜單上都有野豬肉。我第一次發現野豬肉是在當地的農夫市集，後來和野豬牧場的老闆成為朋友，她盡可能地嘗試了每個部位和各種料理法。野豬肉的美味香氣介於豬肉與牛肉之間，其所含的豐富礦物質與紅肉相似，而略帶堅果的甜味這點就像豬肉，再加上帕瑪森起司的起司鮮味，這道肉丸料理結合了令人難忘的美妙風味。搭配防風草泥（第 270 頁）或花椰菜米（第 266 頁）都很適合。

1/2 杯豬皮粉

1 杯鮮奶油

450 克野豬絞肉

1/3 杯切碎的洋蔥

2 瓣大蒜，切碎（約 2 茶匙）

1/4 杯現磨帕瑪森起司（約 20 克），可多準備一點上桌前撒上

1 顆大型蛋，打散

1 茶匙研磨芥末

1 茶匙細海鹽

1/2 茶匙現磨黑胡椒

1. 烤箱預設至攝氏 205 度。烘焙紙平鋪在一個有邊框的烤盤上。

2. 把豬皮粉和鮮奶油放在中碗裡混合，攪拌均勻後放在一邊浸泡約 5 分鐘。

3. 把絞肉、洋蔥、大蒜、帕瑪森起司、蛋、芥末、鹽和胡椒放進大碗裡，用手把材料混合。把泡好的豬皮粉倒進去（如果還有湯汁也一起倒進去），輕輕地拌勻。手沾濕後把肉團塑形成直徑 2.5 公分的肉丸，放在鋪好烘焙紙的烤盤上。

4. 肉丸烤到外皮成棕色，中心熟透，中途需翻面一次，約 15-20 分鐘。撒上帕瑪森起司，馬上享用。

第七章

蛋類

切達細香蔥舒芙蕾

份量：4 人份　│　**備料：**15 分鐘　│　**烹煮時間：**30 分鐘

　　舒芙蕾有著超級難搞又困難的名聲，可是當你做出一個後你會想：「真假？就這樣？」最重要的事就是記得溫度掌控是關鍵，直到舒芙蕾完成前都不要打開烤箱（想偷看的話打開烤箱燈就好）。一個個的舒芙蕾很適合早午餐，當然同樣適合晚餐享用。

3 湯匙（約 45 克）無鹽奶油，分開放

4 湯匙（約 20 克）現磨帕瑪森起司

2 湯匙木薯粉

細海鹽

2/3 杯「半對半鮮奶油」，置於室溫下

3/4 杯 6-9 個月熟成的切達起司絲（85 克）

1/2 茶匙芥末粉

1 小撮卡宴辣椒

2 湯匙新鮮細香蔥，切碎

現磨黑胡椒

4 顆大型蛋

1/4 茶匙塔塔粉

1. 把一個烤架放在烤箱最下層，烤箱預熱至攝氏 190 度。

2. 融化 1 湯匙奶油，把奶油刷在 4 個 8 盎司模具內側。把帕瑪森起司均勻地分進模具裡，在模具裡把起司畫圈塗抹到底部和內側。用廚房紙巾把邊框擦乾淨，模具放進冰箱冷藏。

3. 開中火，用一個中型單柄鍋融化剩下 2 湯匙奶油。加入木薯粉，放進 1 小撮鹽調味，攪拌到麵糊成形。繼續煮，不停地攪拌，直到麵糊開始呈現淡淡的金黃色，約 30 秒。慢慢倒進半對半鮮奶油，持續大力地攪拌，到麵糊變得滑順。把火轉到小火，持續攪拌並翻動底部、邊緣、鍋子的每個角落，直到麵糊變得濃稠，約 1 分鐘（不要燒焦了）。把鍋子從爐火上拿開，拌進切達起司、芥末粉、卡宴辣椒和細香蔥，攪拌到起司融化（如果不能融化就開小火並持續攪拌到麵糊變得滑順）。試吃看看，用鹽和胡椒適度調味再移到大碗裡。

4. 把蛋分離，蛋黃放在中碗，蛋白放進乾淨、乾燥的大型攪拌盆裡。撈幾湯匙的起司醬放進蛋黃碗裡，大力攪拌，再把蛋黃醬放回起司醬裡，繼續大力攪打。

5. 用一個乾淨、乾燥的攪拌棒或電動攪拌機，開啟高速攪拌，打到蛋白呈現泡沫狀。加入塔塔粉持續攪拌到拉起攪拌棒能形成堅挺的尖峰狀，約 2-3 分鐘以上。

6. 用矽膠刮刀把 1/4 蛋白霜用切拌的方式拌進蛋黃醬，拌入剩餘的蛋白醬直到完全混合。

7. 把模具放在有邊框的烤盤上，把混合好的麵糊分到模具裡，
   每個約 3/4 分滿。烤到舒芙蕾蓬鬆漲起，表面呈金黃色，約
   20-23 分鐘。完成後立即享用。

備註：

你可以用這個食譜變化出喜歡的口味，用不同的起司或香草都
可以。葛瑞爾起司配百里香或鼠尾草；傑克起司配辣椒粉；莫
恩斯特乾酪配第戎芥末醬佐炒青蔥——充滿無窮盡的可能。

如果你要為了聚會準備這道菜，提前備料吧，除了打發蛋白的
步驟，其他都可以先準備；準備一個碗放蛋黃醬，另一個碗放
蛋白，蓋上蓋子冷藏。準備要上菜前再把蛋白打發，切拌式拌
入蛋黃醬，從第 5 步開始做。這道舒芙蕾可能需要多幾分鐘的
烘烤時間。

魔鬼蛋三部曲

　　這是道經典的派對餐點，但為什麼派對時才能吃？魔鬼蛋很適合在週末完成攪打，然後冰進冰箱，是馬上能入口的點心，或是和正餐一起吃，額外補充蛋白質。調味方式百百種，在此推薦三種我們最喜歡的口味。

如何蒸出白煮蛋？

真不敢相信我們竟然花了這麼長時間嘗試蒸蛋。做法和傳統全熟蛋所需時間一樣，但是這種做法的蛋殼更好剝，不會再剝下大塊的蛋白，也不會再有凹凸不平的魔鬼蛋，更不要再把蛋放在冰箱裡，放到不再「太新鮮所以煮不熟」。讓蒸氣滲入蛋殼，蛋白處就會稍微鬆開，就能輕鬆把蛋殼剝開，以下開始介紹做法：在一個單柄鍋裡裝進 2.5 公分深的水，然後放上蒸籃。蓋上鍋蓋把水煮開，火轉為中小火後，平放一層蛋在蒸籃上（用夾子才不會燙傷）。蓋上蓋子，蒸到想要到熟度（9-11 分鐘左右蛋黃就會熟了，但裡面還是凝脂狀，非常適合做魔鬼蛋；再蒸 1-2 分鐘以上蛋黃會更熟，少幾分鐘就會偏三分熟）。把蛋移到裝滿冰水的碗裡，讓蛋不再變熟。

水牛城魔鬼蛋

份量：12 份對切魔鬼蛋　|　**備料**：15 分鐘

6 顆大型全熟蛋，去殼，縱向對切

2 湯匙酪梨油蛋黃醬

1 又 1/2 湯匙 Frank's 水牛城辣雞翅醬或其他類似的水牛城辣醬

2 湯匙剁碎的藍紋起司，分開放

1 根中型芹菜梗，切碎（約 1/4 杯）

細海鹽和現磨黑胡椒

培根牧場沾醬，自製（第 342 頁）或商店購買，配菜用（可加可不加）

1. 把蛋黃挖到一個中碗裡，加入蛋黃醬、辣醬和 1 湯匙藍紋起司；用叉子壓成泥，攪拌均勻（或者可以把材料放進小型食物調理機）。加入芹菜，試吃看看要不要加鹽和胡椒調味。

2. 拌好的蛋黃放進蛋白裡，或是放進密封塑膠袋裡，剪掉一角，用擠的方式擠進蛋白。剩下的藍紋起司弄碎撒在上面，喜歡的話淋上培根牧場沾醬，馬上享用。

蟹肉糕魔鬼蛋

份量：12 份對切魔鬼蛋　｜　**備料**：20 分鐘

2 湯匙豬皮粉

1 湯匙酪梨油

1 湯匙切碎的青蔥

6 顆大型全熟蛋，去殼，縱向對切

2 湯匙酪梨油蛋黃醬

1/2 茶匙第戎芥末醬

1/2 茶匙蘋果醋

1/8 茶匙椰子氨基調味醬油

1 小撮卡宴辣椒（可加可不加）

55 克蟹肉，從蟹殼裡挑出

細海鹽和現磨黑胡椒

1. 把豬皮粉放在小型未預熱的長柄煎鍋。開中小火開始煮，頻繁搖動鍋子，直到豬皮粉稍微烤熟，開始呈金黃色並飄出香氣，約 3-4 分鐘。倒到杯子裡冷卻。

2. 把酪梨油和青蔥放進同一個煎鍋，拌炒到青蔥軟化飄出香氣，約 1-2 分鐘。移到另一個杯子裡冷卻。

3. 把蛋黃挖到中碗裡，放進蛋黃醬、芥末醬、醋、椰子氨基調味醬油，喜歡的話可加入卡宴辣椒。用叉子壓成泥，攪拌均勻，拌入青蔥，加入蟹肉，用鹽和胡椒調味，試吃看看。

4. 把拌好的蛋黃放進蛋白裡，撒上烤過的豬皮粉即可上桌。

生薑芥末魔鬼蛋

份量：12 份對切魔鬼蛋 ｜ **備料**：20 分鐘

2 湯匙酪梨油

2 根青蔥，蔥白和淺綠段，切碎
（約 3 湯匙）

1 湯匙切碎的新鮮薑

1 湯匙酪梨油蛋黃醬

1 茶匙未調味的米醋

1 茶匙椰子氨基調味醬油

1 茶匙味醂，需要的話可多備

1/2 茶匙芥末醬

細海鹽

6 顆大型全熟蛋，去殼，縱向對切

12 片撕碎的烤海苔，裝飾用
（可加可不加）

備註：

> 如果你不想弄麻煩的海苔，
> 可以把蔥的深綠段切碎，用
> 蔥綠來裝飾。

1. 用一個小型未預熱的煎鍋，加入酪梨油、青蔥、薑攪拌均勻，用小火炒到食材開始滋滋響，大約需要 1 分鐘，然後移到中碗裡冷卻。

2. 加入蛋黃醬、醋、椰子氨基調味醬油、味醂、芥末醬到有青蔥的碗裡。把蛋黃挖到碗裡，用叉子壓成泥，攪拌均勻（或者可以把材料放進小型食物調理機）。如果內餡想要一點甜味，可以加入 1 茶匙味醂。試吃看看，可再加鹽和胡椒調味。

3. 把拌好的蛋黃放進蛋白裡，或是放進密封塑膠袋裡，剪掉一角，用擠的擠進蛋白。喜歡的話可用海苔片裝飾，即可上桌享用。

辣泡菜蛋

份量：4 人份　│　**備料：**10 分鐘，醃製時間 3 天

　　泡菜是天賜的禮物，它是一種韓國配菜，味道強烈且非常美味，是一種發酵食品，所以有益於腸道健康。我們超愛泡菜，也很喜歡蛋，難怪它們放在一起如此美妙。這道蛋料理是很棒的零食，你也可以把這道菜升級成蛋沙拉，或是烤雞心科布沙拉（第 260 頁）。

一罐泡菜（約 450 克），瀝乾，醬汁另外保留

6 顆全熟蛋，去殼

1. 在一個約 1 公升的罐子裡鋪一層泡菜，放上兩顆蛋，繼續放一層泡菜、一層蛋，直到所有蛋都放好，輕輕地往下壓實（這裡要小心，你不會想把蛋壓爛）。最後再鋪上一層泡菜。

2. 把泡菜醬汁倒進罐子裡，讓蛋和泡菜都完全浸在裡面。蓋上蓋子後輕輕搖一下。

3. 冷藏三天，醃製過程要再拿出來搖晃一下。醃好的蛋密封冷藏可保存 1 個月。蛋泡在裡面越久，泡菜香氣就會越明顯。

備註：

如果你的泡菜菜葉很大，鋪蛋之前先切碎一點，這樣可以更全面地蓋住蛋的表面。

你也可以用醃漬甜菜取代泡菜來做這道料理。蛋不會有辣味，但一樣很美味。小驚喜：用醃漬甜菜做的蛋，蛋白最外圈會有一層漂亮的紫色圈圈。

蛋花湯

份量：5 杯（約 4-6 人份） | **備料：**10 分鐘 | **烹煮時間：**10 分鐘

貝絲的成長過程中吃過很多中華料理，蛋花湯就曾是（現在還是）她的最愛。它的做法很多、很豐盛，也有一點小複雜，但同時是能撫慰人心的料理。倒進打散的蛋時，把湯攪拌成一個小漩渦，就會產出美味的蛋花，讓湯變得超美味。

2 茶匙葛根粉

1 湯匙酪梨油

2 瓣大蒜，切碎（約 2 茶匙）

1 湯匙磨碎的新鮮薑

3 根青蔥，斜切（約 1/3 杯，留下深綠段裝飾用）

4 杯雞骨湯

2 茶匙椰子氨基調味醬油

3 顆大型蛋，打散

1/2 茶匙烤芝麻油

細海鹽和現磨黑胡椒

1. 拿一個小碗，把葛根粉拌 2 茶匙水直到滑順。

2. 開中火，用一個單柄鍋熱酪梨油。加入大蒜、薑、青蔥的蔥白和淺綠段。偶爾攪拌，煮到食材軟化並飄出香氣，約 2 分鐘。倒進雞骨湯，拌進葛根粉汁到完全溶解，拌進椰子氨基調味醬油。

3. 把火轉到中大火，把湯煮滾，約 2-3 分鐘，然後關火。用一隻手把湯攪拌出一個漩渦，另一隻手慢慢地倒進打散的蛋液，形成蛋花。拌進芝麻油，然後吃看看需不需要鹽和胡椒調味。有需要的話把鍋子放到中大火的爐台上，輕輕攪拌讓湯加熱，約 2 分鐘。

4. 把湯倒進碗裡，撒上一些深綠蔥段，上桌享用。

丹佛炒蛋

份量：2 人份 ｜ **備料：**10 分鐘 ｜ **烹煮時間：**15 分鐘

　　歐姆蛋很美味，但如果你同時要做很多人的菜，歐姆蛋就比較麻煩。我們用經典丹佛歐姆蛋的食材改做炒蛋，這樣大家都可以在同一時間一起享用。加拿大培根，也就是後背培根，比起我們認知的培根更像火腿，但比起火腿又多了一點點甜味和溫和的香氣，如果你比較喜歡火腿，也可以換成火腿。要做成更多份也很簡單，只需要多幾分鐘，所以計畫好就好。

1 湯匙酥油或培根油

1 顆小洋蔥或 1/2 顆洋蔥（約 1 杯）

1 顆中型綠色甜椒，去籽，切碎
（約 3/4 杯）

細海鹽

85 克加拿大培根，切丁

6 顆大型蛋，打散

現磨黑胡椒

1/2 杯 6-9 個月熟成的切達起司絲
（約 55 克）

1. 開中火，用一個大型不沾煎鍋熱酥油，加入洋蔥和甜椒，稍微用鹽調味，持續拌炒到食材軟化，約 5 分鐘。加入加拿大培根，炒到開始出現棕色點點，約 3 分鐘。

2. 把火轉到中小火，加入蛋，用鹽和胡椒調味，撒上起司。拌炒到蛋熟到你想要的熟度，約 4-5 分鐘會是軟嫩、不過分濕的炒蛋。趁熱享用。

法式鹹派

份量：6 人份 │ **備料**：30 分鐘 │ **烹煮時間**：1 小時 20 分鐘

　　這已經是道家喻戶曉的經典法式料理，重點就是蛋、培根、起司和奶油。由豬皮粉製成的派皮就是全肉食的最後一筆。鹹派非常適合有客人來訪的早午餐時段，或是獨自一人的慵懶週日，連續當好幾天的午餐都沒問題。

派皮：

2 杯豬皮粉

3/4 杯（80 克）去皮杏仁粉

1/4 杯（35 克）葛根粉

1/4 杯（25 克）亞麻籽粉

1/4 茶匙細海鹽

2 顆大型蛋

餡料：

110 克培根（約 4 片）

2 根中型青蔥，切碎（約 1 杯）

1/4 茶匙細海鹽，多準備 1 小撮，分開放

3 顆大型蛋

1 杯鮮奶油

1 茶匙新鮮百里香葉

1 小撮磨碎的肉豆蔻

1/4 茶匙現磨黑胡椒

2/3 杯切絲的葛瑞爾起司（約 70 克）

1. 烤箱預熱至攝氏 190 度。

2. 先做派皮：把豬皮粉放進食物處理機，打碎到非常細。加入杏仁粉、葛根粉、亞麻籽粉、鹽，用處理機讓材料混合。加入蛋，再次用處理機混合。移到大碗裡，用手拌勻到麵團完全黏在一起。把麵團壓成 22 公分厚的扁平派皮，在派皮上鋪上烘焙紙，上面壓上重石或乾燥豆類，放進烤箱烤 10 分鐘。小心地移開烘焙紙和重石；把派皮再次放進烤箱，考到邊緣開始轉為金黃色，約 5 分鐘左右。從烤箱裡拿出派皮，放在一邊冷卻。

3. 烤箱溫度降到攝氏 175 度；放一個有邊框的烤盤進烤箱。

4. 製作餡料：開中小火，把培根放進一個未預熱的大長柄煎鍋裡，翻面 1-2 次，到培根變棕色、口感酥脆，約 10 分鐘，移到砧板上冷卻。放進 1 湯匙培根油（有需要的話可留一點備用），加入青蔥，用 1 小撮鹽調味，持續拌炒到蔥軟化，稍微焦糖化，約 4-5 分鐘。移到小碗裡冷卻，再把培根切成小塊。

5. 把蛋、鮮奶油、百里香、肉豆蔻、胡椒和剩下 1/4 茶匙的鹽放進一個中碗。均勻地把起司撒在冷卻的派皮上。倒進剛才的蛋奶糊，撒上培根和青蔥。把鹹派放在烤箱裡的烤盤，烤到邊緣金黃色，餡料搖晃時輕微晃動，約 40-50 分鐘（電子溫度計插進中心溫度約是攝氏 71 度）。鹹派移到冷卻架上，開動前至少冷卻 1 小時。吃不完的部分可以封好冷卻，可保存 3 天。

備註：

不管是烤派皮還是鹹派出爐時，如果看到油起泡並超過派皮，別擔心，就讓它維持原狀；冷卻後餡料自然會縮回派皮裡。

鹹派要回烤時，先預熱烤箱至攝氏 175 度（桌上小烤箱也可以）。把鹹派拿出冰箱，烤箱預熱的同時放在檯面上回溫。放在派盤裡烤到夠熱（如果只剩一點，就放在烤盤裡烤），約 15-20 分鐘。如果顏色開始變深，用錫箔紙稍微蓋住。

肉桂麵包起司鬆餅

份量：2 人份 │ **備料**：15 分鐘 │ **烹煮時間**：8 分鐘

　　和第 292 頁的生酮鬆餅相似，這種低碳鬆餅是以起司為底，但還是保有甜味。這就像魔法：香草蛋白粉和辛香料賦予美味，以及令人驚喜的鬆餅口感，卻沒有傳統鬆餅的碳水化合物和糖分。做法很簡單，可以和孩子們一起動手做。

1 杯切絲的莫札瑞拉起司（約 110 克）

3 湯匙無糖、無鹽葵花籽醬或自選堅果醬（質地稀一點的比較好）

2 顆大型蛋

3 湯匙香草口味乳清蛋白粉

2 茶匙磨碎的肉桂，多備一點可作裝飾用（可加可不加）

1/4 茶匙香草精

1/8 茶匙發酵粉

1/8 茶匙甜菊糖（自由選擇）

1 小撮細海鹽

無鹽奶油或肉桂、香草風味的酥油（第 356 頁）或楓糖漿，裝飾用（可加可不加）

1. 鬆餅機預熱到高溫。莫札瑞拉起司、葵花籽醬、蛋、蛋白粉、肉桂、香草、發酵粉、甜菊糖（要加的話）和鹽放進大碗裡混合。

2. 鬆餅機噴上烹飪噴霧油。用湯匙把一半的麵糊放進烤盤，邊緣留空讓麵糊可以向外擴散。關上鬆餅機，烤到起司鬆餅變金黃色到棕色，約 4 分鐘（或是依照使用手冊指示）。

3. 打開上蓋，讓起司鬆餅冷卻 30 秒，然後用矽膠鏟子小心地從邊邊拿起來，放到盤子上。剩下的麵糊也是一樣的做法，放進麵糊前要多噴一點烹飪用油。趁熱的時候撒上肉桂和堅果醬、有香氣的酥油或楓糖醬，依照個人口味添加即可，然後上桌享用。

備註：

確保你的起司鬆餅不會沾黏，不沾材質的鬆餅機是比較理想的工具；如果你不是用不沾材質的鬆餅機，刷上油讓烤盤變滑，或是直接在上面融化酥油或奶油。

如果用的是不沾材質的鬆餅機，記得用矽膠鏟子才不會刮傷。

焦糖洋蔥韭菜烘蛋佐義大利火腿

份量：4 人份 ｜ **備料**：15 分鐘 ｜ **烹煮時間**：1 小時 15 分鐘

洋蔥和韭菜是同一種屬的植物家族（蔥屬，感謝提問），雖然都有抗病毒、抗細菌的效果，吃起來還是不同。韭菜味道溫和，細膩度更勝洋蔥，所以把它們結合在這個食譜增添不少複雜度；此外，洋蔥焦糖化會帶來甜味，和帶鹹味的義大利火腿搭配帶來美妙的和諧。如果有吃不完的部分，冷吃、熱吃都很好吃。

3 湯匙（45 克）無鹽奶油，分開放

1 顆小型黃洋蔥，切碎（約 1 杯）

細海鹽

2 根小型韭菜，只需要白色和淺綠段，整理後清洗乾淨，切碎（約 1/2 杯）

1 把綜合蔬菜，例如葉用甜菜、羽衣甘藍、甜菜葉或蒲公英葉，撕碎（約 6 杯）

1/3 杯鮮奶油

8 顆大型蛋，打散

6 片義大利火腿，撕碎

片狀的海鹽和現磨黑胡椒，裝飾用

1. 烤箱預熱到攝氏 190 度。

2. 開中小火，用一個直徑 20 公分的耐熱煎鍋融化奶油。加入洋蔥和一小撮鹽，偶爾攪拌，炒到洋蔥轉為深棕色並焦糖化，約 45 分鐘。韭菜和蔬菜放進煎鍋，偶爾攪拌，直到食材軟化，約 4-5 分鐘。

3. 鮮奶油拌進打散的蛋液中，倒進煎鍋。把義大利火腿撒在上面，繼續煮 5 分鐘左右，然後移到烤箱，烤到蛋液凝固，牙籤戳在烘蛋正中心拉起時沒有沾黏蛋液，約 8 分鐘以上。

4. 讓烘蛋冷卻 5 分鐘。用片狀的鹽和黑胡椒裝飾，切塊後即可上桌享用。

備註：

> 回烤剩下的烘蛋時，放在烤盤上稍微蓋住，用已經預熱至攝氏 150 度的烤箱或是桌上型小烤箱回溫，至少 10-15 分鐘。或者你也可以蒸 5-10 分鐘，避免烘蛋變得太乾。

簡易馬克杯火腿歐姆蛋

份量：2 人份 ｜ **備料**：3 分鐘 ｜ **烹煮時間**：2 分鐘

　　這個食譜證明了你可以非常快速地做出高蛋白早餐（或任何時候的點心），不需要繁瑣的步驟，也不會製造很多待洗碗盤。可以根據你的個人喜好替換起司或其他配菜。

4 顆大型蛋

55 克蜜汁煙燻火腿或煙燻火腿，切成細細的碎塊

1/4 杯切絲切達起司（約 30 克）

細海鹽和現磨黑胡椒

1. 拿兩個 180 毫升可微波的馬克杯或模具，噴上烹飪噴霧油。把蛋打進一個碗裡，充分打散後放進火腿和起司，稍微用鹽和胡椒調味。

2. 把攪拌好的蛋液均勻地倒進兩個馬克杯，微波到蛋液中心凝固，約 1.5-2 分鐘（如果中心看起來還有一點點軟，沒關係，它們會持續凝固，你不會想微波過頭得到像橡膠的蛋）。

3. 靜置約 1 分鐘，喜歡的話可以把蛋移出馬克杯外。需要的話可以再加鹽和胡椒調味。趁熱享用。

花椰菜起司早餐捲

份量：2 人份 | **備料**：10 分鐘 | **烹煮時間**：35 分鐘

　　有時候你要做最喜歡的料理的健康版時，要準備接受打折後的原版——也許口感稍微不同，或香氣遠遠不足。我們很高興地說，這個自製早餐捲不會讓你有打折的感受，因為它真的很好吃，也一樣健康。填滿你喜歡的早餐食材後一樣包得很好，還有讓人愉悅的香氣、有嚼勁的口感。可以提前一天做好，甚至提前很多天都沒關係，放進密封盒裡放在冰箱冷藏，要吃之前在烤箱或煎鍋上加熱幾分鐘就好。在食譜中我們用烤箱烤培根，這是比較能解放雙手的做法（因為實在還有太多要做的事了），但是用煎鍋煎也可以。

外皮：

1 顆中型花椰菜，把花球分出來，或是買 1 包（340 克）冷凍花椰菜米，解凍

2 顆大型蛋

1/2 杯切絲的莫札瑞拉起司（約 55克）

1/2 茶匙玉米澱粉

1/2 茶匙細海鹽

餡料：

110 克培根（約 4 片）

2 茶匙無鹽奶油，分開放

1/2 顆白洋蔥或甜洋蔥，切碎（約1/2 杯）

細海鹽

4 顆大型蛋，打散

現磨黑胡椒

2 杯菠菜，除掉比較粗的莖

辣醬，配菜（可加可不加）

1. 製作外皮：烤箱預熱至攝氏 190 度。烘焙紙平鋪在一個有邊框的烤盤上。

2. 如果用冷凍花椰菜米，可以先跳過這一步，直接到步驟 3。把花椰菜花球放進食物處理機裡打散，直到它們變得像米一樣。把花椰菜米放在可微波的大碗裡，蓋上蓋子用大火微波8-10 分鐘，或是微波到熟（或者用你最喜歡的方法蒸這些米）。靜置到花椰菜米冷卻到不燙手。

3. 把花椰菜米移到紗布或乾淨的廚房紙巾上，捲起來用力擠壓，盡可能地讓多餘的水分流出來。它應該會變得很緊實且成塊。

4. 把花椰菜米放回食物處理機，放進蛋、莫札瑞拉、玉米澱粉、鹽。打到食材質地變滑順，約 1 分鐘。

5. 把混合好的花椰菜糊分成兩等分，放進鋪好烘焙紙的烤盤。用矽膠鏟子或湯匙的尾端把花椰菜糊鋪成薄薄的圓形，約1.2 公分厚、直徑 17 公分。烤到邊緣變乾，底部呈金黃色，約 10 分鐘。小心地翻面，烤到完全凝固且熟透，但不要變脆，約 5 分鐘以上。把烤好的外皮拿出來，烤箱溫度調升至攝氏 205 度（備註：喜歡的話可以用乾的煎鍋烤外皮，開大火只需幾分鐘就可以在上菜前讓外皮上色並變得酥脆）。

6. 製作餡料：平鋪烘焙紙在有邊框的烤盤上，在烤盤裡放一個冷卻架。把培根塊放在冷卻架上，烤 12-15 分鐘，或是烤到你想要的熟度。

7. 同時開始煮蛋和菠菜，開中小火，用一個中型不沾煎鍋融化 1 茶匙奶油。放進洋蔥，撒點鹽，偶爾拌炒，直到洋蔥軟化並呈現半透明狀，約 5 分鐘。

8. 打散的蛋用鹽和胡椒調味，快速攪拌後倒進煎鍋。用矽膠鏟子沿著鍋子持續在蛋液上畫小圈，直到蛋液稍微稠化，開始形成非常小塊的固狀，約 30 秒至 1 分鐘。蛋稍微凝固但還有部分呈微流動狀時，把鍋子從爐台上移開，靜置幾秒後就完成了。把蛋從煎鍋上移開。

9. 剩下 1 茶匙奶油放進煎鍋，再加入菠菜，撒點鹽後拌炒，直到菠菜變軟，約 3-4 分鐘。

10.外皮放在兩個盤子上，各放上一半的菠菜、培根和蛋，喜歡的話可以淋一些辣醬。

奶油炒蛋佐煙燻鮭魚

份量：2 人份 ｜ **備料：**15 分鐘 ｜ **烹煮時間：**7 分鐘

我們一個來自加拿大新斯克舍，一個來自紐約，所以我們不能省略煙燻鮭魚的食譜。這是一道經典、簡單且備受最挑剔煙燻鮭魚愛好者的認可。

4 顆大型蛋

1 湯匙牛奶或鮮奶油或無糖全脂椰奶

1 湯匙（15 克）無鹽奶油

2 根小韭菜，只要淺綠段，修整後清洗乾淨，切丁（約 1/2 杯）

1/2 杯碎的新鮮（軟質）山羊起司（約 85 克）

片狀海鹽和現磨黑胡椒

110 克煙燻鮭魚

1. 蛋和牛奶放進大碗裡攪拌。開中小火，用一個中型不沾煎鍋融化奶油。奶油開始起泡時放進韭菜，持續拌炒到韭菜軟化呈半透明狀，約 3 分鐘。

2. 混合好的蛋液倒進煎鍋，用矽膠鏟子沿著鍋子持續在蛋液上畫小圈，到蛋液稍微變稠，開始形成非常小的塊狀，約 30 秒至 1 分鐘。從畫圈改為直直從鍋子的直徑掃過，直到形成更大塊的塊狀，約 20 秒。

3. 蛋開始稍微凝固但還有部分成微流動狀時，把鍋子從爐火上移開，靜置 30 秒後就完成了（這一步可以防止蛋過熟變成橡膠口感）。

4. 把蛋分到兩個盤子裡，上面撒上山羊起司，再稍微撒點鹽和胡椒。把鮭魚放在蛋旁邊，上桌享用。

備註：

喜歡的話可以把韭菜換成淺綠蔥段。

肉食烤蘇格蘭蛋

份量：6 顆蛋 ｜ **備料**：15 分鐘 ｜ **烹煮時間**：20 分鐘

　　蘇格蘭蛋是英國非常受歡迎的野餐點心，也是肉食愛好者的心頭好，包在香腸裡的全熟或半熟蛋，最美味的可攜式蛋白質。我們做這道傳統料理時，用豬皮粉裹粉取代麵包粉，用烤蛋的方式取代油炸。以我們的經驗來說，午餐吃幾個蘇格蘭蛋就會維持好一陣子的飽足感且充滿能量。

約 450 克豬絞肉（可以替換成雞肉、火雞肉或牛肉）

1 顆大型生蛋

1/2 杯豬皮粉，喜歡的話可以多備一些裝飾用

6 顆全熟或半熟蛋，去殼

1. 烤箱預熱至攝氏 175 度。把烘焙紙平鋪在一個有邊框的烤盤上。

2. 把豬絞肉、生蛋、豬皮粉混合在一個大碗裡。手打濕後把混合好的豬肉分成 6 等分，塑形成球狀。把肉丸放在烤盤上，用手壓扁到厚度約 0.6 公分。

3. 把一顆煮好的蛋放在壓扁肉丸的正中間，把肉圍著但捏緊，喜歡的話可以撒一些豬皮粉在包好的蛋上。

4. 烤到外皮開始轉棕色，約 10 分鐘。小心地用夾子翻面，烤到肉完全熟透並變成棕色，約 10 分鐘以上。馬上上桌，或是冷卻到室溫後放在密封盒裡放進冰箱保存，冷吃熱吃都好吃。

牛排煎蛋佐檸檬荷蘭醬

份量：4 人份 ｜ **備料**：10 分鐘 ｜ **烹煮時間**：20 分鐘

　　牛排和蛋是任何蛋白質飲食的重要內容，而我們在傳統荷蘭醬裡加入了一點點亮點，成為風味明亮、充滿檸檬香氣的版本。不管是早午餐、晚餐，一天的任何時候，這都是一道豐盛又滿足的佳餚。

牛排和蛋：

約 450 克橫隔膜中心肉或沙朗牛排（約 2.5 公分厚）

細海鹽和現磨黑胡椒

4 湯匙（約 60 克）無鹽奶油，分開放

8 顆大型蛋

醬料：

1/4 杯特級初榨橄欖油

2 茶匙新鮮檸檬汁

1/2 茶匙片狀海鹽

2 個大型蛋黃

1/8 茶匙薑黃粉（增色用，可加可不加）

1. 把牛排從冰箱裡拿出來，讓溫度回到室溫，約 30 分鐘。烤箱預熱至攝氏 175 度。把 1 又 1/2 茶匙的鹽和 1 茶匙胡椒塗抹在牛排上。

2. 製作醬料：開中火把一個雙層鍋放上去，把橄欖油、檸檬汁、鹽、蛋黃、薑黃粉（要加的話）攪拌。持續大力攪拌到醬汁變熱，稠度約是可以黏著在木匙的背面，約 5 分鐘。一定要持續攪拌，這樣蛋黃才不會煮熟。把鍋子從爐火上移開，醬汁倒進雙層鍋的上層，下層的熱水可以保溫醬汁，每隔幾分鐘稍微攪拌一下，讓醬汁不會油水分離。

3. 開中火預熱一個大型鑄鐵煎鍋，熱到燙為止。把火轉大，融化 2 湯匙奶油，把牛排放進煎鍋，中途需翻面一次，直到一面呈棕色，內部約 3 分熟，每一面煎 2 分鐘左右。

4. 把牛排放到砧板上，稍微用錫箔紙蓋住，切開前靜置 10 分鐘。

5. 牛排靜置時來煮蛋。開中小火預熱兩個大型煎鍋，兩鍋各融化 1 湯匙奶油，各打進 4 顆蛋。稍微用鹽和胡椒調味蛋，煎到蛋白正開始凝固，約 3.5 分鐘（如果你想要蛋黃整個熟透，蓋上蓋子繼續煎 1-2 分鐘）。把蛋分到 4 個盤子裡。

6. 牛排逆紋切片，每一片約 2.5 公分厚。分進 4 個盤子裡，淋上醬汁，上桌享用。

第八章
海鮮

檸檬龍蒿龍蝦沙拉

份量：2 人份（開胃菜的話約 4 人份）　|　**備料**：25 分鐘　|　**烹煮時間**：2 分鐘

　　清新、充滿香氣的龍蒿是龍蝦的絕佳搭擋，龍蝦香氣溫和，但肉質足以獨占一方。龍蒿一點點就夠了，如果你不喜歡龍蒿就不要加，或是換成等量切碎的蒔蘿。

1 又 1/2 湯匙特級初榨橄欖油

1 根小型細蔥，切碎（約 2 湯匙）

約 450 克龍蝦肉，拍乾，撕碎或切碎

2 湯匙酪梨油美乃滋

1 根中型芹菜梗，切碎（約 1/4 杯）

2 湯匙新鮮檸檬汁

1 又 1/2 茶匙切細碎的新鮮龍蒿

1/4 茶匙椰子氨基調味醬油

細海鹽和現磨黑胡椒

菊苣嫩葉，無麩質鹹餅乾，自製（第 306 頁）或商店購買，或是波士頓萵苣生菜杯，配菜用（可加可不加）

1. 用一個小型未預熱煎鍋把橄欖油和細蔥拌在一起。放在小火上煮到開始滋滋作響。滋滋聲持續 1 分鐘後，把混合好的油和蔥放進小碗裡冷卻。

2. 龍蝦、美乃滋、芹菜、檸檬汁、龍蒿、椰子氨基調味醬油放進大碗裡，加入冷卻的細蔥，拌在一起到所有食材混合，龍蝦稍微裹到醬汁。試吃看看，用鹽和胡椒調味（你可以提前 1 天製作沙拉；蓋上蓋子放進冰箱冷藏保存，吃之前輕輕拌勻）。

3. 搭配菊苣嫩葉、鹹餅乾享用，喜歡的話也可以挖進生菜杯裡一起吃。

備註：

你可以買煮好的龍蝦肉，通常是冷凍肉，可從魚販或高級超市買到。一般來說，如果你拆開一整隻龍蝦，約 20-25% 會是肉，要拿到這個食譜所需的 450 克龍蝦肉，大概要煮 1.8-2 公斤的新鮮整尾龍蝦。

檸檬香蒜奶油烤鱈魚

份量：4 人份 ｜ **備料**：15 分鐘 ｜ **烹煮時間**：12 分鐘

　　做這道菜時會覺得好像加了很多奶油，那是因為確實有很多奶油，就照加吧，相信我們一次。也不要省略酸豆，菜餚裡不會吃出酸豆味，但加一點點醃漬物可以提升菜餚的層次。

4 湯匙（60 克）無鹽奶油，置於室溫下

4 瓣大蒜，切碎（約 1 湯匙加 1 茶匙）

2 湯匙切碎的新鮮平葉巴西里

1 茶匙瀝乾的酸豆，切碎

1 顆檸檬，洗乾淨擦乾

細海鹽和現磨黑胡椒

4 片去皮鱈魚片（每片約 170 克），拍乾

1. 烤箱預熱至攝氏 205 度。在一個長 22 公分、寬 33 公分烤盤上抹油。

2. 準備一個小碗，把奶油、大蒜、巴西里、酸豆用叉子壓成糊（或是如果你有小型食物處理機，也可以用它混合食材）。磨 1 茶匙檸檬皮，把檸檬皮拌進混合好的奶油，試吃看看，再用鹽和胡椒調味。

3. 檸檬切成薄片，去除籽。把魚片放在準備好的烤盤，整片用鹽和胡椒調味。每一片魚肉上淋上調好的香蒜奶油醬，再放上 2-3 片檸檬片。烤到魚肉熟透，用叉子可以輕鬆剝下魚肉，約 10-12 分鐘。趁熱享用。

封煎扇貝佐培根、炸酸豆與香蔥奶油

份量：4 人份 ｜ **備料**：15 分鐘 ｜ **烹煮時間**：20 分鐘

　　培根裹扇貝聽起來好美味，但棘手的是很難拿捏好熟度，要維持培根的脆度，扇貝又不能過熟，所以我們決定分開處理：把培根和扇貝都煮到剛剛好再組合。香蒜奶油的部分，我們基本上希望一輩子都能淋上這個醬。開始烹煮前先準備好所有食材，這樣每件事都會進行得很順利。

110 克培根（約 4 片）

2 湯匙瀝乾的酸豆，拍乾

680 克海扇貝，去掉肌肉（請見下方備註），整個拍乾

細海鹽和現磨黑胡椒

1/4 杯不甜的白酒

4 湯匙（約 60 克）無鹽奶油

1 根中型細蔥，切碎（約 1/3 杯）

3 瓣大蒜，切碎（約 1 湯匙）

1-2 湯匙切碎的新鮮平葉巴西里

檸檬塊，配菜用

1. 開中小火，培根放進大型未預熱的鑄鐵煎鍋。煎到脂肪流出，培根變脆，約 10 分鐘。把培根移到砧板上，壓碎或切碎。撈出 1 湯匙培根油，其餘瀝乾，保留剩下的油（備註：如果培根沒有流出很多油，需要的時候加進酪梨油）。

2. 把火轉到中大火。把酸豆放進煎鍋，拌炒直到變金黃色，約 2 分鐘，移到小盤子上。舀 1 湯匙瀝好的油放進煎鍋，畫圈攪拌。扇貝用鹽和胡椒調味放進煎鍋，中途需翻面一次，直到兩面都煎封完成，約 1-2 分鐘。移到盤子上保溫。

3. 把火轉到中火，白酒倒進煎鍋，邊煮邊攪拌到白酒剩下 1 湯匙的量，約 1 分鐘。在煎鍋裡融化奶油，放進蔥和大蒜，用 1 小撮鹽調味，拌炒直到蔥蒜軟化，約 1-2 分鐘。

4. 把扇貝分到 4 個盤子裡，淋上香蒜奶油醬，在扇貝上放上培根、酸豆、巴西里。趁熱享用，可搭配檸檬塊。

備註：

你不想要的扇貝肌肉

準備扇貝時，你會發現有一條側肌肉，也就是某一側有一塊扁平的肉，稍微突出一點，感覺比扇貝其他部位略硬一點。你要做的就是用手指掐住它，然後除掉那塊肉。如果你發現某些扇貝沒有這條肌肉，別擔心，可能是捕撈或運輸的時候掉了。

全都要貝果（Everything Bagel）風味鮭魚

份量：4 人份 ｜ **備料**：10 分鐘 ｜ **烹煮時間**：7 分鐘

　　吃了多年的燻鮭魚貝果早餐，你可能已經愛上鮭魚和全都要貝果調味料，那麼何不搭配在一起，為午餐或晚餐增添樂趣呢？小驚喜：只需要 20 分鐘就可以讓這道美味、老少咸宜的餐點上桌。

1 又 1/2 茶匙磨碎的檸檬皮

1 又 1/2 茶匙新鮮檸檬汁

3 湯匙酪梨美乃滋

4 片（每片 170 克）野生捕撈鮭魚片，帶皮

2 湯匙酪梨油，分開放

3-4 湯匙全都要貝果調味料

1. 烤箱預熱至攝氏 230 度；預熱時放進一個大型鑄鐵煎鍋。

2. 把檸檬皮、檸檬汁和美乃滋放進小碗裡混合。鮭魚肉整個拍乾，用 1 湯匙酪梨油刷滿魚肉，放在砧板或盤子上。把混合好的檸檬美乃滋放在鮭魚肉上，撒上 3 湯匙全都要貝果調味料，輕拍讓調味料附著在鮭魚肉上。想要調味料完全覆蓋著美乃滋的話，把剩下 1 湯匙調味料撒上去。

3. 小心地把煎鍋從烤箱裡拿出來，放在開大火的爐台上，剩下 1 湯匙油放進鍋子裡畫圈攪拌。鮭魚皮那面朝下放進鍋子裡煎 2 分鐘；這個步驟可讓魚皮變脆。放進烤箱烤到魚肉中心約三分熟，大概 2-5 分鐘（依厚度而定）。你也可以切開檢查熟度，中心應該濕潤，顏色稍微變深。趁熱享用。

備註：

一般來說，每 1.2 公分厚的鮭魚總烹煮時間需要 4-6 分鐘才能達到三分熟，可以此為參考標準，不要忘了把煎封魚皮的 2 分鐘算進去。如果有疑慮，最好讓熟度生一點，而不是煮得更熟，因為如果對你來說太生了，還是可以再多加熱 1-2 分鐘調整熟度。

烤紅笛鯛全魚

份量：4 人份 │ **備料：**10 分鐘 │ **烹煮時間：**25 分鐘

　　烹煮全魚總帶來一種原始的滿足感，和全雞或更大塊的帶骨肉一樣。而且成果看起來很精美，其實做法真的很簡單，不只能吃到魚肉，還可以吃到魚的其他部位，例如臉頰肉。你買到的魚可能已經去除了內臟和鱗片，如果不確定就問一下魚販（他們會幫你去除內臟和鱗片）。當然，在餐桌上分食全魚有點麻煩，還可能會有小魚刺進到嘴巴裡，但全魚的風味肯定是100% 值得。

2 隻紅笛鯛全魚（約 900 克），清洗乾淨，去鱗並拍乾

3 湯匙特級初榨橄欖油

細海鹽和現磨黑胡椒

2 瓣大蒜，切片

6 枝新鮮百里香

1 顆檸檬，擦洗乾淨，切成薄片並去籽，另外切幾塊最後配菜用

檸檬酸豆蒜泥蛋黃醬（第 344頁），配菜用（可加可不加）

1. 烤箱預熱至攝氏 230 度。把烘焙紙平鋪在一個有邊框的烤盤上。

2. 魚的內外都刷上橄欖油，大膽地用鹽和胡椒調味。把大蒜、百里香、檸檬片塞進魚的腹腔。魚放在鋪好烘焙紙的烤盤上，烤到魚的外皮變脆，用叉子可以輕鬆地把魚肉夾開，約20-25 分鐘。

3. 趁熱享用，喜歡的話可以搭配檸檬塊和蒜泥蛋黃醬。

備註：

魚皮要更脆的話，就在上桌前直烤 1-2 分鐘。先把魚肉下的烘焙紙拿開（直烤模式可能會造成烘焙紙燃燒），小心看好魚肉以防烤焦。

烤魚的同時烤一塊檸檬來調味（還有烤完的檸檬也很好看）。檸檬對切，切面抹上一點點油，切面朝下放在烤盤上，和魚一起烤，檸檬果肉會變軟，顏色轉為金黃色。

烤淡菜

份量：4 人份（開胃菜的話約 8-10 人份） | **烹煮時間**：10 分鐘

　　淡菜超棒的，美味、平價、烹調方式簡單，而且富含很好的養分，充滿維生素 B12、維生素 C，還有非常多鐵、硒、錳和其他礦物質。烤是一種有趣又不同以往的烹煮方式，而且簡直過於簡單。淡菜可說是絕佳的肉食主義開胃菜，適合野炊或快速上菜的平日晚餐。我們的特調奶油特別適合淡菜，但老實說，直接烤就很好吃，不需特別調味。

1.8 公斤擦洗、去肌肉的淡菜（請見備註）

巴西里細蔥奶油（第 348 頁），配菜用（可加可不加）

1. 用中火預熱烤架。

2. 把淡菜放在烤架上，平放一層（需要的話可分批處理）。關上蓋子烤到殼都打開，約 5-7 分鐘。如果還有沒打開的淡菜，就再蓋上蓋子烤 2 分鐘以上，烤完還是沒有打開的話就丟掉。

3. 把淡菜分到 4 個碗裡，喜歡的話可放上切片的巴西里細蔥奶油，上桌享用。

備註：

問問魚販（或是超市裡的生鮮區），這些淡菜是否已經清洗並移除肌肉。還沒的話，詢問他們能否幫你處理。

傳統新斯科舍巧達濃湯

份量：4.7 公升（約 10 大份） | **備料**：10 分鐘 | **烹煮時間**：35 分鐘

　　你可以對艾許萊的婆婆表達感謝之意，謝謝她提供這麼簡單、傳統、備受喜愛的海鮮名菜。如果要進行低碳飲食可以省略馬鈴薯，放進淡菜或任何你喜歡的海鮮。不管加了什麼，這都是一道豐盛又能撫慰人心的巧達濃湯，引出每個人心中的新斯科舍魂。

4 湯匙（60 克）無鹽奶油

1 顆中型白洋蔥，切丁（約 1 杯）

4 顆中型含澱粉的馬鈴薯，去皮切碎

約 450 克去皮黑線鱈或鱈魚肉，切碎

12 顆海扇貝，冷凍的話要先解凍

12 隻中型生蝦，冷凍的話要先解凍，去殼去腸泥

280 克切碎煮熟的龍蝦肉

1 杯鮮奶油，置於室溫下

細海鹽和現磨黑胡椒

1/2 茶匙乾燥蒔蘿草，裝飾用

1. 開中火，用一個大型湯鍋融化奶油，加入洋蔥煮到軟化，約 5 分鐘。放進馬鈴薯和水，水蓋過馬鈴薯的量即可。煮到微滾後把火關小，繼續煮到馬鈴薯剛開始軟化，約 10 分鐘。

2. 放進魚肉、扇貝、蝦，繼續燉煮，偶爾攪拌，煮到全熟（魚肉會變白開始鬆散，蝦和扇貝不再呈現半透明狀），約 5-7 分鐘。最後再放進已熟的龍蝦肉。

3. 倒進鮮奶油持續攪拌，直到變濃稠，約 5 分鐘。試吃看看，需要的話用鹽和胡椒調味。趁熱享用，可撒上蒔蘿草裝飾。

備註：

通常熟龍蝦肉的罐頭蠻好買到，或者你也可以用新鮮煮好的龍蝦，脫殼取肉；大約 1.3 公斤的龍蝦可取出約 280 克紅蝦肉。

醃鱒魚

份量：2 人份 | **備料**：10 分鐘，另外冷藏 2 小時

    在我們看來，鱒魚是被小看的魚，牠富含蛋白質、omega-3 脂肪酸和鉀，溫和又細膩的風味在檸檬醃料中特別相宜。檸檬醃海鮮是一道秘魯料理，在檸檬基底的醬料中「烹調」魚肉，不需要火。它仍然是新鮮、像生魚片般的口感，技術上來說卻不是生的，不過當然就這道菜來說，你會想用最新鮮、品質最好的魚。可以用我們的蕃薯片（第 274 頁）或炸大蕉餅（第 280 頁）搭配醃魚吃，萵苣葉也是不錯的選擇。

225 克去骨、去皮鱒魚（我們用彩虹鱒魚），切成 2.5 公分的魚片

1/2 杯熟的玉米粒（罐頭或新鮮的都可以）

2 顆萊姆擠汁

3 湯匙新鮮葡萄柚汁

1/2 顆紅洋蔥，切成小丁（約 1 杯）

1/2 顆紅甜椒，去籽，切成細丁（約 1/2 杯）

1/2 顆綠甜椒，去籽，切成細丁（約 1/2 杯）

1/2 顆哈瓦那辣椒，去籽，切成細丁（約 2 湯匙）

1 顆中型番茄，切碎（約 1 杯）

2 湯匙切碎的新鮮香菜（可加可不加）

細海鹽和現磨黑胡椒

1. 把鱒魚、玉米粒、萊姆汁、葡萄柚汁、洋蔥、紅甜椒、綠甜椒、哈瓦那辣椒放進中碗混合。蓋上蓋子冷藏 2 小時。

2. 從冰箱裡把醃汁拿出來瀝乾，放進番茄和香菜（要加的話），倒進去混合。用鹽和胡椒調味，上桌享用。

蝦、酪梨和檸檬沙拉

份量：4 人份 │ **備料**：10 分鐘 │ **烹煮時間**：5 分鐘

　　還有什麼比大熱天來一盤清爽、涼爽的沙拉更好呢？這道沙拉有充滿蛋白質的蝦、健康油脂如奶油般的酪梨、還有我們最喜歡的柑橘。我們想像得到在游泳池畔享受這道佳餚有多愜意。

1 顆葡萄柚

1 顆成熟酪梨

450 克生的大型蝦，冷凍的話要先解凍，去殼去腸泥

3/4 茶匙細海鹽，分開放

3 湯匙酪梨油，分開放

1/4 茶匙現磨黑胡椒

1 袋綜合沙拉生菜葉（約 140 克，6 杯）

1/2 杯生核桃或胡桃，切碎

1. 葡萄柚的蒂和底部切除，從上到下切開，皮和白色纖維處切除，盡量不要切到果肉。用一個碗接住葡萄柚汁，把葡萄柚分區切塊，然後切成 2.5 公分的片狀。把葡萄柚塊和葡萄柚汁分別放在不同碗裡。酪梨對切去核切片。

2. 蝦肉拍乾，用 1/4 茶匙的鹽調味。開中大火，在一個大型煎鍋裡熱 1 湯匙酪梨油，把蝦肉放進鍋裡炒到整個熟透，蝦肉不再呈現透明色，大約 5 分鐘。把蝦肉移到碗裡。

3. 製作調料：2 湯匙留下的葡萄柚汁放進大碗裡。加入剩下 2 湯匙酪梨油、1/2 茶匙鹽和胡椒，攪拌均勻。把綜合生菜葉放進碗裡，攪拌讓生菜葉裹上醬汁。

4. 沾好醬汁的生菜分成 4 碗。放上蝦、葡萄柚果肉、酪梨、堅果，上桌享用。

鮭魚蓋飯

份量：2 人份 ｜ **備料：**15 分鐘，醃漬時間 30 分鐘

　　生魚是很多人不敢在家嘗試的食物，但一切都關乎品質和新鮮度（這就是找到好魚販的重要之處）。只要注意細節，就能享用到新鮮、清爽、富含養分的沙拉，而且口感與香氣都更上層樓。如果生魚看起來太恐怖，你隨時可以煎封鮭魚讓它熟一點。

醃料：

2 湯匙椰子氨基調味醬油

2 湯匙蘋果醋

2 湯匙特級初榨橄欖油

1 湯匙楓糖、生蜂蜜或羅漢果糖漿

蓋飯：

225-280 克壽司級鮭魚肉

1 杯煮好的白飯或花椰菜米
（第 266 頁）

1/2 杯切碎或切絲的紅蘿蔔

1/2 杯切片的無籽黃瓜

1 顆酪梨，去籽切片

裝飾（可加可不加）：

2 湯匙撕碎的海苔

2 茶匙芝麻籽

2 茶匙磨碎的新鮮薑

1. 製作醃料：把椰子氨基調味醬油、薑、橄欖油和楓糖放在小碗裡攪拌。另外撈出 2 湯匙醃料放在杯子裡備用。

2. 用一把鋒利的刀把鮭魚肉逆紋切成 2.5 公分的方塊，放進中型玻璃保鮮盒裡。在鮭魚肉上倒上醃料，蓋上蓋子放進冰箱冷藏，最少 30 分鐘最多 2 小時。

3. 把飯和鮭魚分成兩碗，放上紅蘿蔔、小黃瓜、酪梨，淋上保留好的 2 湯匙醃料。喜歡的話可以用撕碎的海苔、芝麻籽和磨好的薑裝飾，上桌享用。

百慕達鱈魚糕

份量： 4 人份 ｜ **備料：** 20 分鐘，隔夜浸泡，另外 1 小時冷卻 ｜ **烹煮時間：** 35 分鐘

鱈魚糕是百慕達的復活節傳統菜餚，我的母親在百慕達長大，我自己也曾在大學畢業後在那邊住了幾年。這道食譜改自我的老友吉本斯一家，他們還會加一點碎西班牙香腸來為菜餚增色。這個版本保留了經典做法，省略經常加入的洋蔥，簡單又讓人滿足，是完美的療癒食物。為了符合復活節主題，這些肉餅通常會和熱十字麵包一起享用，但我們最喜歡的吃法是直接吃，擠一點檸檬，放上溏心蛋和一些荷蘭醬，就像班尼迪克蛋的不同版本。

1 袋（約 450 克）鹽鱈魚乾（無骨無皮）

225 克馬鈴薯，去皮

2 湯匙切碎的新鮮平葉巴西里

1 茶匙咖哩粉

1/2 茶匙現磨黑胡椒

1/4 茶匙磨碎的乾燥百里香

1/4 杯自選無麩質麵粉

4 湯匙（60 克）無鹽奶油或酪梨油

片狀海鹽，裝飾用（可加可不加）

檸檬塊，配菜用（可加可不加）

1. 把鹽鱈魚乾浸在水裡，蓋起來放進冰箱。浸泡一整晚。

2. 把馬鈴薯放在大型湯鍋裡，加入 2.5 公分的水，開大火煮到滾。把火轉成中火繼續煮滾，煮到馬鈴薯幾乎全熟，但還沒完全軟化，約 15 分鐘。

3. 把鱈魚瀝乾放進馬鈴薯的湯鍋裡。倒入剛好蓋住食材的水，繼續燉煮到馬鈴薯完全熟透，約 10 分鐘以上。把馬鈴薯和鱈魚瀝乾後冷卻，放進碗裡後冰進冰箱，讓食材變冷，約 1 小時。

4. 用馬鈴薯壓泥器，混合魚肉和馬鈴薯，根據個人喜好控制質地，你可以留一些食材的口感，讓肉餅吃起來很紮實，或是盡可能越細緻滑順越好。拌入巴西里、咖哩粉、胡椒和百里香。

5. 用打濕的手把魚肉泥捏成手掌大小的肉餅，每個約 3.5 公分厚。

6. 開中大火，用一個大型煎鍋融化奶油。大量地用麵粉裹上鱈魚糕，然後放進鍋子裡油煎至金黃色，每一面約 3-4 分鐘。上桌前把鱈魚糕移到鋪好廚房紙巾的盤子上瀝油。喜歡的話可以撒一些片狀海鹽，搭配檸檬塊享用。

備註：

現做現吃最好吃。

第九章
內臟

烤骨髓

份量：4 人份　|　**備料：**5 分鐘　|　**烹煮時間：**20 分鐘

　　骨髓是很原始又有滿足感的食物，吃起來很濃郁、甘甜而且好吃，還有益於健康，富含維生素、礦物質和好的脂肪。研究指出也有腸道健康、抵禦疾病的益處。不同的骨頭會產出不同的骨髓量，如果有些骨髓多、有些比較少，都不用太意外。熱熱的骨髓可以抹在脆皮麵包或鹹餅乾上，非常好吃，或是從湯匙上直接舔著吃（嗯，絕對不是我們這樣做過……）。

1.3-1.8 公斤單隻的牛肉帶髓骨頭
細海鹽
1 茶匙切碎的新鮮百里香葉
無麩質麵包切片，烤過

1. 讓骨頭靜置室溫 20 分鐘。烤箱預熱至攝氏 220 度，烘焙紙平鋪在一個有邊框的烤盤上。

2. 骨髓面朝上放在鋪好烘焙紙的烤盤上。大膽地用鹽調味，撒上百里香葉。烤到骨髓軟化（但還沒融化）、出現泡泡並轉為棕色，且開始和骨頭分離，約 15-20 分鐘。用牙籤或叉子戳看看測試骨髓的軟度，已全熟的話會呈現膠狀且柔軟。

3. 用湯匙把骨髓從骨頭中挖出來，吃看看需不需要再加鹽，上桌搭配烤過的麵包一起享用。

備註：

提前打給肉販預定骨頭，有些地方會冷凍保存。

請肉販縱向把骨頭切開（也就是「剖半」、「對半剖開」），這樣就比較好用湯匙把骨髓挖出來。

喜歡的話，你可以在骨頭上放一枝百里香，不用取葉子和切碎。放單枝的話上桌前拿開即可。

秘魯烤牛心

份量：4 人份 ｜ **備料**：25 分鐘，醃漬時間 3 小時 30 分鐘 ｜ **烹煮時間**：10 分鐘

　　這個食譜的靈感源自非常受歡迎的秘魯街邊小吃串燒。濃郁的香氣來自秘魯黑辣椒，一種秘魯生產、帶煙燻和果實味的辣椒。通常會以乾燥形式或做好的辣椒醬販售，也是這個食譜會用到的辣椒醬，你可以從超市或網路上買到罐裝的秘魯辣椒醬。很值得買一罐：你會在醃料裡用到一些，還有這裡製作的青醬，還真的沒得替換，因為沒有其他醬料能帶來相同的風味（如果你不在意，可以用阿斗波辣椒醬裡帶籽的奇波雷辣椒取代）。剩下的秘魯黑辣椒醬可以厚厚地抹在雞肉或肋排上，或是加進你喜歡的自製烤肉醬裡。我們改變了青醬，用墨西哥辣椒取代秘魯黃辣椒，它是另一種秘魯辣椒。

牛心：

1/3 杯特級初榨橄欖油，分開放

3 瓣大蒜，磨碎（約 1 湯匙）

1/2 杯秘魯黑辣椒醬

1/4 杯蘋果醋

1 湯匙乾燥牛至葉

1/2 茶匙磨好的孜然

1/2 茶匙細海鹽

1/4 茶匙現磨黑胡椒

1 顆牛心（900-1350 克），洗乾淨（請見備註，第 255 頁），切成 3.5-5 公分的厚片

青醬：

2 湯匙初榨橄欖油

3 瓣大蒜，切碎（約 1 湯匙）

3 根中型墨西哥辣椒，去除籽和內部纖維，切碎（約 1 個 9 分滿杯）

1/2 茶匙磨碎的檸檬皮

2 湯匙新鮮檸檬汁

1 杯新鮮香菜葉

1/2 杯酪梨美乃滋

1/4 杯酸奶油

1 茶匙蘋果醋

1/4 茶匙秘魯黑辣椒醬

細海鹽和現磨黑胡椒

特殊設備：

8 支（每枝約 35 公分）金屬烤肉串

1. 醃漬牛心：在一個小型未預熱煎鍋裡，把 2 湯匙橄欖油和大蒜混合。開小火，直接把鍋子放上爐台不攪動，直到油開始滋滋作響，維持 30 秒以後再移到大碗裡。剩下的油、秘魯黑辣椒、醋、牛至葉、孜然、鹽、胡椒拌在一起，放進牛心切塊，攪動讓牛心塊沾上醃料。蓋起來冷藏至少 3.5 小時，最多隔夜。烹煮前拿出來置於室溫下 30 分鐘。

2. 製作青醬：用一個小型未預熱的煎鍋，把橄欖油和大蒜拌在一起。開小火，直接把鍋子放上去不攪動，直到油開始滋滋作響，維持 30 秒以上後，移到小碗冷卻。用食物處理機把墨西哥辣椒、檸檬皮和檸檬汁、香菜、美乃滋、酸奶油、醋、秘魯黑辣椒攪拌在一起。放進大蒜油繼續攪拌到質地變滑順，需要的話可以暫停，把邊邊和底部的食材刮一下。試吃看看，可用鹽和胡椒調味（也可提前 2 天製作醬料，做好蓋起來冷藏即可）。

3. 要煮牛心時，先用中火預熱烤肉架。把牛心塊從醃料中拿出來，串在金屬烤肉串上（去除多餘醬汁）。烤肉時翻面一次，烤到 3 分熟左右，每一面約 3-5 分鐘（切開一塊確認熟度，中心會是粉紅色，像牛排一樣）。移到盤子上，用錫箔紙稍微蓋住，靜置 5 分鐘。搭配醬料趁熱享用。

備註：

> 這個食譜裡最大的挑戰就是清理牛心，需要一點耐心和一把鋒利的刀。切除任何比較硬、白色的外部脂肪和筋膜，還有心臟上方的瓣膜，或任何看起來比較硬的地方。根據每一塊牛心的狀況，你可以修掉很多也沒關係。你絕對想要軟嫩的肉質，不會想要硬的地方，雖然這不會害你受傷，但不是很好吃。特別是你為比較挑剔或對牛心抱持懷疑的人煮這道菜時，你會希望這次料理非常成功。

美味的肉「瑪芬」

份量：12 個瑪芬 | **備料：**15 分鐘 | **烹煮時間：**25 分鐘

　　這是本書裡比較嚴格的肉食食譜。這個「瑪芬」看起來份量可能不多，但結合了簡單、有營養的成分，創造出這道讓人驚喜、美味、又有飽足感的點心（或是你可以吃 2-3 個當晚餐）。牛肝增添了豐富的礦物質，而牛脂則增添濃郁香氣。隨身攜帶肉食點心可能很麻煩，或是過於單調，這個食譜就能解決這些問題。

450 克牛絞肉和牛肝，拌在一起（請見備註）

4 顆大型蛋，打散

1 湯匙牛脂或鴨油，融化，可多備一些幫模具抹油

1 茶匙細海鹽

1 又 1/2 茶匙自選辛香料（可加可不加；請見備註）

片狀海鹽，裝飾用（可加可不加）

1. 烤箱預熱至攝氏 175 度。12 個瑪芬模具抹上融化的油，用錫箔紙鋪好。

2. 把混好的牛肉放在大碗裡，倒進打散的蛋，用手混合。加入牛脂、鹽，可自選加入辛香料，混合到所有食材都均勻拌好。把混合好的牛肉平均分到瑪芬模具裡，約 3/4 滿。

3. 烤到牙籤戳進瑪芬中心抽出來時沒有沾黏到牛肉，約 25 分鐘。上桌前冷卻 10 分鐘，喜歡的話可撒上片狀海鹽。

備註：

你可以從網路上品質好的肉品供應商買到牛肉和牛肝的絞肉。或者，大多數肉販都願意幫你準備好，通常他們會用 4:1 的牛肉與牛肝比例製作（或是你可以自己要求）。這個比例確保你不會受到內臟烹煮方式的影響，也不會明顯地改變吃起來的口感。

你可以隨意改變絞肉和內臟的種類，例如説，如果你喜歡豬絞肉或火雞絞肉，如果你比較喜歡心的香氣和口感，也可以用心取代一般常見的牛絞肉與牛肝組合。

備註：

辛香料的部分我們建議大蒜粉、現磨黑胡椒、洋蔥粉各 1/2 茶匙。不過可以試試看乾燥香草，例如迷迭香或百里香。

如果你有矽膠瑪芬模具，可以搭配這個食譜使用，成品就能輕鬆地脫模。

吃不完的部分可以放在密封盒裡，放在冰箱可保存 5 天；我們覺得這些瑪芬冷的也很好吃，而且可以帶著走，隨時補充能量。

骨髓漢堡

份量：4 人份 ｜ **備料**：10 分鐘 ｜ **烹煮時間**：10 分鐘

　　這個食譜怕是會永遠讓你無法再吃一般漢堡。骨髓有豐富、美味的脂肪，還帶有一點鮮味，恰到好處的平衡，讓人深刻地被滿足了，又不會過度放縱。我們喜歡用研磨芥末和酸黃瓜來減少肉味，不過你可以自己選擇佐料。你的生酮肉食朋友也會喜歡這道菜。

1 根或 2 跟冷凍單隻牛骨髓

565 克牛絞肉

1/2 茶匙片狀海鹽，多備一些裝飾用

1/4 茶匙現磨黑胡椒

配菜：

無麩質圓麵包或生菜葉

研磨芥末醬（自由選擇）

酸黃瓜（可自選）

1. 冷凍骨髓放到冷藏直到剛好解凍，不超過 20 分鐘。用湯匙把骨髓挖出來，骨髓放在砧板上大略敲碎，放進大碗裡。

2. 牛絞肉、鹽、胡椒放進骨髓的碗裡，用手輕輕地融合到剛好混合（不要過度混合，你不會希望骨髓在這步驟化開）。把混合好的骨髓分成 4 等分，然後塑形成 5 公分厚的肉餅。

3. 開中火預熱一個大型鑄鐵煎鍋。把肉餅放進煎鍋裡，煎到電子溫度計插進肉餅中心約攝氏 63 度左右是 3 分熟，每一面各 5 分鐘。

4. 撒上片狀海鹽裝飾，搭配圓麵包或生菜葉一起吃，喜歡的話可以加上芥末醬和酸黃瓜。

備註：

> 如果你的煎鍋有好好上油保養，放上肉餅前不需要再加油。如果你的煎鍋沒有上油，或是你不是很確定，熱鍋後加進 1 湯匙酪梨油，畫圈攪拌讓油均勻散開。

烤雞心科布沙拉

份量：2 人份 | **備料**：10 分鐘 | **烹煮時間**：7 分鐘

　　我們都吃過科布沙拉——充滿色彩繽紛又健康的食材，但我們覺得是時候稍微改變它了。這個食譜裡，我們把切碎的雞胸肉換成禽類更有趣（也更有營養）的部位：心臟。雞心有更討人歡喜、有嚼勁的深色肉質香氣，且富含蛋白質、維生素 B12、鋅和其他重要的微量營養素。備料的時間也少於雞胸，簡直是雙重享受。

1 湯匙（15 克）無鹽奶油或酥油

225 克雞心，沖洗過（請見備註）

細海鹽和現磨黑胡椒

1 顆中型蘿蔓生菜，大概切開即可（約 6 杯）

2-4 湯匙熱培根油醋醬（第 354 頁）

4 顆大型蛋，全熟，去殼切片

1 顆大型酪梨，去籽切碎

2 顆帶莖番茄，如金巴利番茄，切成四等分；或 1 杯櫻桃番茄，對半切

1/4 杯弄碎的藍紋起司（約 40 克）

1. 開中火，用一個中型煎鍋融化奶油。加入雞胸，翻面數次到剛好熟透（切開後會整塊呈現棕色），約 7 分鐘。加上 1 小撮鹽和胡椒，把鍋子從爐火上拿開。

2. 把生菜分成兩碗，每一碗放進 1-2 湯匙油醋汁。放上雞心、蛋、酪梨、番茄、藍紋起司，上桌享用。

備註：

你可以在許多零售店買到雞心，通常是已經清洗過，一般來說在冷水中沖洗過就可以烹煮（專家級訣竅：沖洗時擠壓雞心，把裡面多餘的微量雞血擠出來）。

牛舌小漢堡

份量：8人份 ｜ **備料：**15分鐘 ｜ **烹煮時間：**3小時

　　這些小漢堡是晚餐派對的絕佳開胃菜，而且涵蓋了所有要素：大蕉餅的鹹脆、酪梨滑順的油脂、多汁舌頭帶來濃郁香氣以及醃洋蔥的微妙酸甜。它們看起來漂亮，吃起來更是美味。切碎的舌頭是現在很常見的墨西哥捲餅食材，即使你平常不太愛嚐鮮，這個食譜可能可以得到你的青睞。

1塊牛、水牛或野牛舌頭
（約900克）

3瓣大蒜，去皮，用刀壓成泥

1湯匙磨碎的乾燥牛至葉

1茶匙細海鹽

1茶匙現磨黑胡椒

1批大蕉餅（請見第280頁）

2顆大型酪梨，去籽切片

1/2杯醃洋蔥（做法如下）

檸檬塊，配菜用（可加可不加）

1. 把牛舌、大蒜、牛至葉放進一個大型湯鍋裡，加入剛好蓋住食材的水量。蓋上鍋蓋，用中小火燉煮到牛舌軟嫩，可以用叉子輕鬆把肉撥開，約3小時（每30分鐘確認水量還是有蓋住牛舌，如果水量過低就再加水）。

2. 把牛舌從鍋子裡拿出來移到砧板上，靜置冷卻到不燙手的程度，約15分鐘。用尖銳的刀切過牛舌的底部（比較寬的那一側），把外層比較厚的皮去掉。用叉子把肉撕碎，以鹽和胡椒調味。

3. 大蕉餅上放上酪梨切片，撕碎的肉和醃洋蔥。喜歡的話可以搭配檸檬塊享用。

自製醃洋蔥

簡單的醃洋蔥為大多數肉類餐點增添清爽的口感。

1/4杯蒸餾白醋

1/4杯蘋果醋

1湯匙砂糖

1湯匙猶太鹽

1顆紅洋蔥，切薄片

1瓣大蒜，去皮

特殊設備：
單向排氣的玻璃密封罐
和發酵砝碼

1. 把醋、糖、鹽放進寬口的小玻璃密封罐裡，關起來搖一搖，搖到糖和鹽溶解。塞進洋蔥片和大蒜，放進發酵砝碼，蓋上有排氣閥的蓋子，把罐子放進沒有光線的櫥櫃靜置24小時。

2. 把排氣閥的蓋子換成一般罐蓋，將罐子放進冰箱冷藏一週。另一個做法是放在室溫下，稍微蓋住靜置2小時，然後緊緊蓋上蓋子放進冰箱冷藏。醃洋蔥可在冰箱裡保存2週。這個做法的份量約為2杯。

第十章
配菜

花椰菜米
（一點都不奇怪）

份量：1 又 1/4 杯（約 2-4 人份）　|　**備料：**5 分鐘，醃漬時間 25 分鐘

　　需要花椰菜米時，我們總是會買已經做成米狀且冷凍的成品。當然你也可以自己做，但是為什麼要自己動手？這就是自製的麻煩之處，加上做好的成品更好取得，冷凍品可方便多了，新鮮的食材總是很容易壞，但是冷凍食材可以一直凍在冰箱，煮起來方便快速，不需解凍，還可以只取自己需要的量。你可以用爐火製作花椰菜米，但我們更喜歡用烤的，更簡單、更不費工，而且成品更美味、口感更好。

1 包（約 340 克）冷凍花椰菜

1 湯匙酪梨油或特級初榨橄欖油

細海鹽和現磨黑胡椒

1. 烤箱預熱至 205 度。烘焙紙平鋪在一個有邊框的烤盤上。

2. 冷凍花椰菜分散在烤盤上，把結塊壓開。淋上油，稍微用鹽和胡椒調味，烤 15 分鐘，讓花球解凍且開始熟。攪拌花球，分散成均勻的一層花椰菜米，繼續烤到完全熟透、蓬鬆，出現金黃色點點，約 10 分鐘以上。

3. 試吃看看，需要的話可用額外的鹽和胡椒調味。趁熱享用，或是放在室溫下冷藏，或用冷的做沙拉。

櫛瓜麵
（一點都不奇怪）

份量：約 2 杯（2 人份） ｜ **備料**：10 分鐘 ｜ **烹煮時間**：2 分鐘

  櫛瓜麵是低碳飲食者的摯友。你還是可以享受用叉子把麵捲起來的樂趣，但沒有義大利麵的麩質或多餘的碳水化合物，而且還能增加攝取纖維和維生素 A 和 C。它的味道不明顯，所以你可以加在肉醬（請見第 186 頁食譜），或是做成泰式炒麵。先除去你的預設立場：不對，這和吃麵一點都不一樣，這才不是麵。可是當你接受它，學著愛它原本的樣子，你就準備好了。一般來說，一顆中型櫛瓜可以做 1 人份的麵量，所以採購時要想好份量。

2 顆中型櫛瓜，修整好

1 湯匙特級初榨橄欖油或酪梨油

細海鹽和現磨黑胡椒

紅辣椒片（可加可不加）

1. 用螺旋刨絲器、削皮刀或刨絲器把櫛瓜刨成麵狀。

2. 開中火用一個大型煎鍋熱油。放進櫛瓜麵，稍微用鹽和胡椒調味（如果你喜歡吃辣，可以加 1 小撮紅辣椒片），煮的時候用夾子翻動，直到櫛瓜麵變軟，約 1-2 分鐘。用夾子把麵夾出來，移到濾鍋裡瀝乾。

3. 用廚房紙巾把麵條拍乾，然後分成 2 盤或 2 碗，上桌享用。

備註：

如果你沒有那些可以把食物切成螺旋狀的小工具，或是你只想省事點，可以買現成的櫛瓜麵，在超市農產品區可以找到它。如果你很好奇螺旋刨絲器怎麼用，但又不想多花錢買，我們推薦你 OXO Good Grips 螺旋蔬果削鉛筆機，大約台幣五百至六百元不等。

櫛瓜不需要削皮，皮可以增添色彩，也可以防止麵變得太軟。

瀝乾櫛瓜麵並拍乾可以讓你的醬料不被稀釋。不過你也可以把醬料煮得比平常更濃一點，直接把煮好的麵移到煎鍋裡，讓麵稀釋醬料。

即使沒有醬料，櫛瓜麵也是很棒的配菜。熱油時放一些切碎的大蒜，再加入麵，上桌前再放進大量磨碎的帕瑪森起司（如果你喜歡可以再加 1 小撮紅辣椒片）。

如果你要做成湯麵，可以略過預先煮熟的步驟，直接放進湯裡，燉煮到軟化。但是軟化後要確定湯有調味，因為櫛瓜會釋出水分，只有在做成湯麵的時候才這麼做，如果櫛瓜在湯裡放過夜或更久，櫛瓜就會糊掉。

防風草泥

份量：3 又 1/2 杯（4 人份） ｜ **備料**：15 分鐘 ｜ **烹煮時間**：20 分鐘

告解時間：我們可不是馬鈴薯的擁護者。事實上，很多蔬菜都可以做成很棒的泥。這個食譜用的就是防風草，而且也是適合肉食者的料理，歸功於骨湯、奶油乳酪和奶油。

900 克防風草，去皮切成 0.6 公分厚的薄片

4 瓣大蒜，去皮，用刀壓成泥

6 根新鮮百里香

1 根乾燥月桂葉

2 杯雞骨湯或牛骨湯

3 湯匙攪打過的奶油乳酪

2 湯匙（30 克）無鹽奶油

細海鹽和現磨黑胡椒

特級初榨橄欖油，最後淋上

1. 把防風草、大蒜、百里香、月桂葉放進中型平底鍋。開中大火，倒進骨湯煮滾。把火轉為中小火，蓋上蓋子燉煮到防風草變得非常軟，刀子可以輕鬆穿透，約 10-15 分鐘。瀝乾，湯汁留著。

2. 把月桂葉和百里香莖去除（百里香葉沒關係）。把防風草和大蒜放進食物處理機，放進奶油乳酪、奶油，攪拌到質地變滑順。如果防風草泥變得太濃稠，加進剛才煮防風草的湯，每次約 1-2 湯匙，然後繼續處理到質地變滑順、光滑。試吃看看是否要再加鹽和胡椒調味。

3. 把防風草泥移到碗裡，淋上橄欖油，上桌享用。

備註：

你可以提前 1 天製作防風草泥，冷卻後蓋上蓋子放進冰箱保存。要熱時放進耐熱碗裡，把碗放進有微滾熱水的鍋子裡，偶爾攪動直到熱透。

如果你有整塊的奶油乳酪，可以直接用，不用攪打。取用 30 克，大約 2 湯匙。

凱薩沙拉佐豬腩「麵包丁」

份量：4 人份 │ **備料：**20 分鐘 │ **烹煮時間：**1 小時 10 分鐘

　　豬腩肉取代傳統麵包丁，讓這道沙拉變得更有飽足感。大多數肉販都有賣豬腩，但如果你不好買到它，可以買一些厚切的培根肉，切成丁再煎一下，也可以代替豬腩肉。

調料：

3 罐鯷魚肉片，切碎

3 瓣大蒜，切碎（約 1 湯匙）

4 湯匙特級初榨橄欖油，分開放

1/2 茶匙磨碎的檸檬皮

2 湯匙新鮮檸檬汁

1/4 現磨帕瑪森起司（約 20 克）

1 湯匙切碎的平葉巴西里

1 顆大型蛋黃（請見備註）

現磨黑胡椒

沙拉：

約 450 克豬腩，拍乾，切成 2.5 公分的小方塊

細海鹽和現磨黑胡椒

1 顆大型或 2 顆中型蘿蔓生菜，切碎（約 8 杯）

3 湯匙現磨帕瑪森起司，需要的話可多備一些

1. 製作調料：把鯷魚肉、大蒜和 2 湯匙橄欖油放進一個小型未預熱的煎鍋。開小火煮到發出滋滋聲，繼續煮 30 秒，不要攪動，然後移到小碗裡冷卻。

2. 用小型食物處理機把檸檬皮、檸檬汁、帕瑪森起司、巴西里、蛋黃攪在一起。加入冷卻的鯷魚，攪拌均勻。處理機仍運作時，加入剩下 2 湯匙橄欖油，攪拌到調料變濃稠並乳化。試吃看看，需要的話加入黑胡椒調味（你可以提前 1 天製作調料；蓋上蓋子放進冷藏保存，使用前攪拌均勻）。

3. 準備豬腩：烤箱預熱至攝氏 150 度。開中火預熱一個耐熱煎鍋。豬腩先用鹽和胡椒調味。把豬腩放進煎鍋，偶爾攪動，翻炒到豬腩呈金黃色，約 10-12 分鐘。把煎鍋放進烤箱，偶爾翻動豬腩，烤到外皮呈棕色、外皮變脆，約 45-60 分鐘，每 15 分鐘攪動一次。烤好後移到盤子裡。

4. 製作沙拉：上桌前開始製作即可，用 1/4 杯調料拌進生菜裡，分進 4 個盤子，撒上帕瑪森起司（如果你喜歡起司可以多加一點）。把豬腩丁分別放進沙拉上，上桌享用，剩下的調料可以一起上桌備用。

備註：

這個食譜裡我們使用生蛋黃，依循傳統凱薩醬。如果你不想用生蛋黃，我們建議可用巴氏殺菌過的蛋黃，通常可以在超市買到巴氏殺菌的蛋。

氣炸綜合蕃薯片

份量：4 人份 ┃ **備料**：24 分鐘 ┃ **烹煮時間**：24 分鐘

　　誰不喜歡爽脆、鹹香的薯片，但你自己動手做一次，你就知道裡面加了什麼。我們喜歡黃蕃薯和紫番薯，顏色和風味都有些許不同，而參薯澱粉含量略高一點、更甜一點。分批氣炸才不會讓氣炸鍋裡太擁擠，否則口感就不脆了。

2 顆大型蕃薯，清洗並擦乾

2 顆大型參薯，清洗並擦乾

1 湯匙特級初榨橄欖油

細海鹽和現磨黑胡椒

特殊工具：

切片器

1. 用切片器把蕃薯全部切片（是蕃薯片的厚度，不是薄到半透明的那種薄片）。放進大碗裡，淋上橄欖油，用 1 湯匙鹽調味，攪拌讓薯片均勻沾上油。

2. 烤箱預熱至攝氏 150 度，設定 5 分鐘。氣炸烤籃噴上烹飪噴霧油。

3. 分批氣炸，把蕃薯切片平鋪在氣炸烤籃裡，用攝氏 150 度氣炸到質地變脆，約 5 分鐘。打開氣炸烤籃，翻動薯片後再次平鋪成一層，繼續氣炸到變脆且顏色變棕色，約 2-3 分鐘以上。重複這些步驟到所有薯片都氣炸完成，把氣炸好的薯片放在有邊框的烤盤裡，撒上更多鹽和胡椒試吃看看，完成後馬上開動。

備註：

你可以去皮也可以保留蕃薯皮，完全依據你的個人喜好而定。如果你要去皮就不用用力擦洗，稍微沖洗即可。

儘快把這些薯片吃完，一定要在氣炸當天吃完。隔天的口感就不脆了。

蒜香金線瓜義大利麵

份量：8 人份 ｜ **備料**：15 分鐘 ｜ **烹煮時間**：45 分鐘

　　不是廚師也會知道大量的奶油和大蒜會讓所有東西變得更好吃，尤其金線瓜更是如此，它的烹調方式很多且營養豐富，就是本身沒什麼味道。這個食譜能讓無味的金線瓜變成可口的佳餚，值得列為你最愛的菜餚之一，同時非常適合搭配野豬肉丸（第 190 頁）。

1 顆中型金線瓜（約 1.8 公斤）

4 瓣大蒜，切碎（約 1 湯匙又 1 茶匙）

2 湯匙無鹽奶油（約 30 克）

細海鹽和現磨黑胡椒

1. 烤箱預熱至攝氏 205 度。把一個約 3.5 公升烤皿抹油。

2. 金線瓜橫向切成 3.5 公分厚的厚片，用湯匙把籽挖掉。把金線瓜圈平放一層在烤皿上，大蒜撒在金線瓜圈上。

3. 放進烤箱烤到金線瓜變軟、出現纖維，用刀可以輕鬆穿破，邊緣開始變棕色，約 45 分鐘。

4. 讓金線瓜靜置冷卻到拿起不燙手。用叉子刮金線瓜肉，瓜肉就會像「麵」一樣掉下來，讓瓜肉從皮上刮下來。把刮下來的金線瓜放進大碗裡，加入奶油攪拌到瓜肉均勻沾上奶油且融化。用鹽和胡椒適量調味後上桌享用。

豬皮粉洋蔥圈

份量：2-4 人份 | **備料**：30 分鐘，浸泡時間 1 小時 | **烹煮時間**：20 分鐘

　　這個食譜有一點點混亂和複雜，最好團隊合作，一個人負責裹粉，另一個人負責油炸。如果你看到「混亂和複雜」後的想法是：「好玩耶！」那這個食譜非常適合你（無意批判沒有這個想法的人，我們懂你）。首先你要把調味好的木薯粉灑在洋蔥圈上，然後塗上白脫牛奶糊，再裹上豬皮粉。這道菜絕對值得如此繁複的步驟，完成的洋蔥圈外皮酥脆、裡面軟嫩，充滿美味的香氣。

1 顆大型甜洋蔥，如維達利亞或瓦拉瓦拉甜洋蔥，橫切成 0.6 公分寬的洋蔥圈，每一圈分開放

2 杯白脫牛奶

1-2 杯酪梨油，油炸用

1 又 1/4 杯（約 175 克）木薯粉

1 又 1/4 茶匙發酵粉

1 茶匙大蒜粉

1 茶匙細海鹽

1/2 茶匙現磨黑胡椒

1/4 茶匙辣椒粉

2-3 杯豬皮粉

1 顆大型蛋，打散

番茄醬、蛋黃醬或起司漢堡沙拉調料（第 82 頁），配菜用（可自選）

1. 把切好的洋蔥圈放在大碗裡，倒進白脫牛奶，浸泡約 1 小時，偶爾攪動一下。

2. 用一個大型、有深度的煎鍋（至少 5 公分深）或荷蘭鍋，倒進 2.5 公分深的酪梨油，用中火熱油至攝氏 185 度（沒有油溫計？彈一滴水到煎鍋裡，如果油滋滋作響就表示夠熱了）。烤箱預熱至攝氏 105 度，把冷卻架放進有邊框的烤盤裡，然後一起放進烤箱。再拿一個冷卻架放在另一個有邊框的烤盤或報紙上，然後放在廚房檯面上。

3. 木薯粉、發酵粉、大蒜粉、鹽、胡椒和辣椒粉放進大碗裡攪拌。把 2 杯豬皮粉放在另一個碗裡。把洋蔥圈從白脫牛奶裡拿出來，盡量甩掉多餘的白脫牛奶，然後放在大盤子裡。這裡可以分工合作，先把洋蔥圈放在木薯粉的碗裡，攪動一下讓洋蔥圈均勻裹上粉，一個一個拿出來，把多餘的木薯粉甩掉，然後放在檯面上的冷卻架上。剩下的白脫牛奶先留著，把盤子洗乾淨。

4. 剩下的白脫牛奶加入蛋、1/2 杯水，拌進木薯粉裡，攪拌到質地變滑順（麵糊會變稀，就像鬆餅糊一樣）。分工合作，放進裹好粉的洋蔥圈，翻動洋蔥圈，讓粉裹上麵糊。裹好的洋蔥圈放進盤子裡。

5. 一樣分工合作，把裹好麵糊的洋蔥圈放進豬皮粉的碗裡，攪動一下讓洋蔥圈裹上豬皮粉（需要的話可以再加 1 杯豬皮粉）。

6. 把幾個裹好豬皮粉的洋蔥圈放進熱油裡，油炸到變金黃色，翻面一次，約 2 分鐘。繼續裹豬皮粉、油炸，炸好的洋蔥圈放進烤箱裡的冷卻架上保溫（你就知道找別人一起做有多棒了）。需要的話要調整火的大小，讓油溫穩定維持在攝氏 185 度。

7. 炸好的洋蔥圈趁熱享用，喜歡的話可以搭配沾醬一起吃。

炸大蕉餅

份量：4 人份 ｜ **備料：**3 分鐘 ｜ **烹煮時間：**15 分鐘

　　這些油炸的綠色大蕉不只美味，挖辣椒醬或酪梨醬也是絕配，而且對你的健康有幫助。綠色大蕉有抗性澱粉，是促進腸道健康的推進器，讓你有飽足感，又不會讓你的血糖失控。

1/2 杯酪梨油

2 根綠色大蕉，切成 2.5 公分的厚片

細海鹽和現磨黑胡椒

1. 開中大火，用一個大型鑄鐵煎鍋熱酪梨油。需要的話可分批處理，避免鍋子裡太擠，小心地把大蕉片放進油裡，油炸到顏色變棕，開始變軟，約 3-4 分鐘。用夾子把大蕉片翻面，炸到另一面也變棕色，約 2 分鐘。

2. 把大蕉片放進鋪好廚房紙巾的盤子裡瀝乾。關火後讓油繼續放在煎鍋裡。

3. 放一張烘焙紙在砧板上，把大蕉片放在烘焙紙上，再放另一張烘焙紙在大蕉片上，然後用桿麵棍把大蕉片壓成 1.2 公分厚（或者你可以用玻璃瓶的底部一個一個壓扁）。

4. 開中火再次熱油。分批處理，再次把大蕉片下鍋油炸，炸到外皮酥脆、裡面軟嫩，約 1-2 分鐘。炸好後放到另一個鋪好廚房紙巾的盤子裡，讓紙巾吸走多餘的油。用鹽和胡椒調味後趁熱享用。

備註：

> 大蕉餅最好趁熱吃，放越久就會越不脆。

第十一章
開胃菜與點心

肉鑲蘑菇

份量：4 人份 │ **備料**：15 分鐘 │ **烹煮時間**：36 分鐘

　　起司和潘切塔——也就是義式培根，是製作好看又好吃的肉鑲蘑菇需要的所有食材。如果拿來當派對點心，一定很快就被吃光了。

8 顆大型洋菇

1 湯匙（約 15 克）無鹽奶油

1/2 顆白洋蔥，切成小丁（約 1 杯）

2 瓣大蒜，切碎（約 2 茶匙）

4 片潘切塔薄片，切碎

3/4 杯切絲的莫札瑞拉起司（約 85 克）

1. 烤箱預熱至攝氏 205 度。烘焙紙平鋪在有邊框的烤盤上。

2. 洋菇洗乾淨，修剪莖的底部，把莖切下來放在旁邊備用，然後把菇帽內部切下來，讓內部有空間塞肉。

3. 開中火，用一個大型煎鍋融化奶油。加入洋菇莖和洋蔥拌炒，炒到食材軟化，約 5 分鐘。放進大蒜繼續拌炒到飄出香氣，約 1 分鐘以上。炒好後把鍋子移開爐台。

4. 把炒好的洋菇和洋蔥放進中碗，把潘切塔和起司放進碗裡混合。混合好後用湯匙挖出來填進菇帽裡，放在鋪好烘焙紙的烤盤上。

5. 烤到起司融化，填充的食材變金黃色，洋菇變棕色，約 30 分鐘。趁熱享用。

烤鑲蛤

份量：8 人份 ｜ **備料**：30 分鐘 ｜ **烹煮時間**：30 分鐘

　　貝絲的媽媽塔瑪會做全世界最好吃的烤鑲蛤，也是貝絲最喜歡的媽媽料理。可惜的是塔瑪已經過世了，貝絲已經無法得知做法。而這是我們的做法：無麩質且充滿香氣，是我們自製的媽媽味。這是一道足以登上晚餐派對的華麗料理，做法簡單且食材平價，適合任何時候享用，我們覺得塔瑪肯定也會喜歡。

鑲蛤：

1 湯匙（15 克）無鹽奶油

1 湯匙特級初榨橄欖油

3 瓣大蒜，切碎（約 1 湯匙）

40 顆短頸蛤，擦洗乾淨

1/2 杯不甜的白酒

配料：

1 顆檸檬，洗乾淨後擦乾

2 湯匙（30 克）無鹽奶油

2 湯匙特級初榨橄欖油

2 瓣大蒜，磨碎（約 2 湯匙）

1 杯去皮杏仁粉

1/4 杯現磨帕瑪森起司或佩柯里諾羊乾酪（約 20 克）

2 湯匙切碎的新鮮平葉巴西里

1/2 茶匙乾燥牛至葉

細海鹽和現磨黑胡椒

1. 烤箱預熱至攝氏 230 度。一個有邊框的烤盤抹油。

2. 製作鑲蛤：把奶油、橄欖油、大蒜放進一個大型未預熱的單柄鍋或荷蘭鍋。放上開著中小火的爐台，小火慢煮到奶油融化，鍋裡滋滋作響，約 2-3 分鐘後繼續熱 30 秒。放進短頸蛤，平鋪一層（或大部分短頸蛤），需要的話可分批烹煮，以免鍋裡過於擁擠，會讓短頸蛤很難張開殼。攪動短頸蛤裹上奶油，倒進白酒和 1/4 杯水。把火轉到中火，蓋上蓋子燜煮到殼都打開，約 5-7 分鐘。5 分鐘後檢查一下有沒有打開的蛤，有的話可以拿出來，如果有湯汁再倒回鍋裡。7 分鐘後把沒打開的蛤丟掉，鍋裡的湯汁用細篩網過濾進小碗裡。

3. 用夾子把煮好的蛤放在抹好油的烤盤上，冷卻到拿起不燙手。把蛤的上蓋拔掉去除。

4. 製作配料：從檸檬上磨下 1 茶匙檸檬皮，然後把檸檬切塊，待會可搭配餐點。在一個小型未預熱的煎鍋裡，把奶油、橄欖油、大蒜攪拌融合。放在小火上煮到奶油融化，鍋裡開始滋滋作響，約 4-5 分鐘後繼續熱 30 秒，然後移到中碗裡。放進杏仁粉、帕瑪森起司、巴西里、檸檬皮、牛至葉，攪拌均勻，質地會像濕的沙子；如果混合完太乾，可以分次加入 1 茶匙剛才留下的短頸蛤湯汁，讓質地變濕潤。試吃看看，可用鹽和胡椒調味。

5. 每個短頸蛤裡放進 1/2 茶匙的配料，噴上烹飪噴霧油，烤到配料呈金黃色，外皮變脆，約 8-10 分鐘。趁熱享用，外面可擠上一點檸檬汁。

備註：

蛤類的尺寸不一，根據尺寸放進適量的配料。

如果是為了派對準備這道菜，可以提前 8 小時備料，但是先不要放進烤箱烤。配料放進短頸蛤後放進烤盤，封好後冷藏，準備要烤時再拿出來（如果直接從烤箱裡拿出來烤，要記得多烤幾分鐘）。

如果配料還有剩，可以冷凍起來，之後再準備短頸蛤來把配料用完，或是撒在魚肉上烤。

熱培根墨西根辣椒鑲乳酪沾醬

份量：4-6 人份 ｜ **備料**：20 分鐘 ｜ **烹煮時間**：40 分鐘

　　墨西根辣椒鑲乳酪真是人間美味——香辣、酥脆、塞滿起司。但做法有一點點麻煩，特別是你邀請朋友來家裡時，於是我們就想：為什麼不能解構它，改做成沾醬，這樣就可以提前準備了吧。沾醬很適合拿來當派對點心，此外當大家都在聊天交際的時候，你就不用死守在廚房炸辣椒了。專家級訣竅：如果沾醬還有剩（不太可能啦，但是如果有的話……），封起來放進冰箱保存，炒蛋的時候可以挖一匙配著吃。

55 克培根（約 2 片）

3 根大型墨西根辣椒，去籽，去除內部纖維，切成細丁（約 3/4 杯）

3 根細蔥，對角切片（約 1/3 杯，喜歡的話可以留下深綠段裝飾用）

1 小撮細海鹽

2 條奶油乳酪（約 225 克），置於室溫下

3/4 杯酪梨油美乃滋

1/2 杯 6-9 個月熟成的切達起司絲（約 55 克）

1/2 杯現磨帕瑪森起司（約 30 克），分開放

1 罐（約 200 克）醃漬墨西哥辣椒，瀝乾，切碎

1/2 杯豬皮粉

無麩質餅乾，自製（第 306 頁）或商店購買，或是切好的蔬菜，配菜用。

1. 烤箱預熱至攝氏 175 度。

2. 把培根放在中型未預熱的鑄鐵煎鍋或其他耐熱煎鍋上，放在中小火的爐台上（備註：如果你的煎鍋不耐熱，準備一個 8 吋烤盤）。把培根煎到變脆，油脂流出，中間翻面數次，約 10 分鐘。培根放到砧板上備用。

3. 把火轉為中火，把切碎的墨西哥辣椒和蔥白、蔥綠放進煎鍋的培根油裡。撒上鹽繼續煎，偶爾攪拌到食材軟化，約 3-4 分鐘，移到小碗裡稍微冷卻。把培根切碎。

4. 拿一個大碗，用電動攪拌機攪打奶油乳酪、美乃滋、切達起司和 1/4 杯帕瑪森起司，直到完全融合。把碗四周的起司刮回碗裡，放進炒好的墨西哥辣椒、醃漬的墨西哥辣椒、培根，再次攪打混合。鋪在煎鍋或烤盤上，把剩下的 1/4 杯帕瑪森起司和豬皮粉混合均勻，放在墨西哥辣椒糊上，上面噴上烹飪噴霧油。

5. 烤到沾醬整個熱透，上層呈現金黃色，約 20-25 分鐘。喜歡的話可以撒上切好的深綠蔥段，搭配餅乾或蔬菜一起享用。

備註：

喜歡的話，完成的沾醬可以再烤 1-2 分鐘，讓表層變脆。要注意不要烤焦了。

氣炸莫札瑞拉起司條

份量：12 條（4 人份） | **備料**：30 分鐘，冷凍時間 1 小時 | **烹煮時間**：5 分鐘

可以把你喜歡但不是太健康的食物變得更健康，而且一樣美味（甚至更美味），這不是件很美妙的事嗎？這些莫札瑞拉起司條無麩質而且用氣炸方式處理，所以還是有酥脆、起司香的優點，咬下去後還是有咀嚼的樂趣。剩下的外層麵包糊可以放進冷凍保存，需要的時候再拿出來氣炸使用；未來的你會感謝自己。不要忽略第二次沾醬的機會：這些起司條會在氣炸鍋裡分離，外層多餘的麵包屑會剝離。

1/4 杯（約 35 克）木薯粉

1/2 茶匙大蒜粉

1/4 茶匙洋蔥粉

1/4 茶匙乾燥牛至葉

1/8 茶匙細海鹽

1/8 茶匙現磨黑胡椒

2 顆大型蛋

1 杯豬皮粉，分開放

6 根部分脫脂的莫札瑞拉起司條，橫向切半

切碎的新鮮平葉巴西里，裝飾用（可加可不加）

熱的義式番茄醬，沾醬用（可自由選擇）

1. 把木薯粉、大蒜粉、洋蔥粉、牛至葉、鹽和胡椒融合在一個淺碗裡。再拿另一個淺碗，蛋放進碗裡打散。一半的豬皮粉放進第三個淺碗裡。平鋪烘焙紙或蠟紙在有邊框的烤盤上。

2. 把莫札瑞拉起司條放進混合好的調味粉裡，一次一條裹上粉。多餘的粉甩掉，沾上蛋液，再甩掉多餘的蛋液，放進豬皮粉的碗裡裹粉，完成後放進鋪好紙的烤盤上。重複以上步驟到所有起司條都裹好粉。

3. 另一半豬皮粉放進豬皮粉的碗裡，再重複一次裹粉步驟，先沾木薯粉、再沾蛋液、最後豬皮粉，然後冷凍至少 1 小時（只要起司條都冷凍了，就可以把起司條放進密封袋，可冷凍保存 3 個月）。

4. 預熱氣炸鍋至攝氏 195 度，約 5 分鐘。氣炸鍋烤籃噴上烹飪噴霧油，把冷凍的莫札瑞拉起司條平放一層在烤籃上（需要的話可分批氣炸，其餘的起司條先放進冷凍），表面噴上烹飪噴霧油，氣炸 5 分鐘，到外皮變金黃色、變脆。趁熱享用，喜歡的話可以撒上巴西里，搭配義式番茄醬一起吃。

生酮鬆餅

份量：1 片鬆餅 ｜ **備料**：5 分鐘 ｜ **烹煮時間**：4 分鐘

　　起司、蛋、豬皮──製成鬆餅狀後，這個組合毫無疑問會成為令人滿意的速食，或是成為搭配蛋、培根生菜番茄三明治、酪梨土司或冷盤的基礎配菜。當你咬下去之後才真的會驚訝，明明是無碳水化合物的食物，吃起來卻那麼有碳水化合物感，像肉一樣的口感、豐盛又飽足，是甜食肉桂麵包起司鬆餅（第 208 頁）的鹹味表親。你可以輕鬆製成雙倍或三倍，多份也很好處理。

1 顆大型蛋

1/2 杯豬皮粉

1/3 杯切絲的莫札瑞拉起司（約 35 克）

1/4 茶匙大蒜粉

1 小撮細海鹽

1 小撮卡宴辣椒粉（可加可不加）

1 小撮現磨黑胡椒

1. 鬆餅機預熱到高溫。

2. 把蛋打在一個中碗裡，拌進豬皮粉、莫札瑞拉起司、大蒜粉、鹽，喜歡的話可加入卡宴辣椒粉，用胡椒調味。拌好的麵糊會非常濃稠，就像餅乾麵團一樣。

3. 鬆餅機稍微噴上烹飪噴霧油。用湯匙把麵糊挖進鬆餅機的中心，蓋上蓋子，烤到變金黃色，外皮酥脆，約 3-4 分鐘（或是依照使用說明書使用）。趁熱享用。

備註：

為了確保你的鬆餅不會沾黏，不沾材質的鬆餅機比較理想。如果你的鬆餅機不是不沾材質，用刷子塗上油，或是融一些酥油或奶油在上面。如果你用的是不沾材質的鬆餅機，記得用非金屬材質的工具把鬆餅拿起來，例如矽膠鏟子，避免刮傷表面。

如何變化你的生酮鬆餅？

用 1/4 杯莫札瑞拉起司和 1 湯匙磨碎的帕瑪森起司，加入切丁的義式臘腸和 1/4 茶匙乾燥牛至葉或巴西里葉到麵糊裡。可沾義式番茄醬一起享用。

用切絲的切達起司取代莫札瑞拉，一些切碎的新鮮細蔥也很搭。

加入不同的辛香料──試試看薩塔香料或咖哩粉，或是綜合辣椒粉和孜然。

貓王香蕉麵包

份量：1 條 9 吋長條麵包（約 10 片） | 備料：15 分鐘 | 烹煮時間：1 小時

　　我們無從得知貓王是否真的愛吃花生醬、香蕉、培根三明治，但這種味道的組合永遠和貓王連結在一起了。而這個點心的每一口都讓你沉浸其中，同時又以香蕉麵包的形式為你帶來健康。用顆粒或滑順的花生醬都可以，哪一種都很搭。

110 克培根（約 4 片）

1 又 1/2 杯（155 克）去皮杏仁粉

1/4 杯（35 克）葛根粉

3 湯匙（20 克）無調味草飼膠原蛋白胜肽粉

1 茶匙小蘇打

1/4 茶匙細海鹽

3 條中型熟香蕉，壓成泥
（約 1 又 1/4 杯）

1/3 杯無糖有鹽花生醬（請見備註）

1/4 杯楓糖漿

2 顆大型蛋

1 茶匙香草精

55 克黑巧克力（至少 70% 以上），切碎（可自選）

1/4 杯切碎的烘烤鹹味花生（可自選）

1. 烤箱預熱至攝氏 175 度。烘焙紙鋪在一個長 23 寬 13 公分的長型麵包模裡。

2. 開中小火，培根放在一個中型未預熱的煎鍋上，煎到培根變脆，翻面 1-2 次，約 10 分鐘。移到砧板上冷卻，切碎或剁碎。

3. 杏仁粉、葛根粉、膠原蛋白胜肽粉、小蘇打、鹽放進大碗裡攪拌均勻。香蕉、花生醬、楓糖漿、蛋、香草精放進中碗裡攪拌均勻。把香蕉糊放進拌均勻的粉裡，攪拌到完全融合，如果要加巧克力和花生，各放 1 湯匙在旁邊最後裝飾用，然後拌進其餘的巧克力和花生，切碎的培根也放進麵糊裡。

4. 麵包糊均勻倒進鋪好烘焙紙的麵包模裡，撒上剛才預留的巧克力和花生。烤到牙籤戳進麵糊中心抽起後沒有沾黏，約 45-50 分鐘。如果烤的時候表面變色太快，稍微在表面蓋上錫箔紙。

5. 把麵包模放在冷卻架上冷卻 10 分鐘，然後把麵包翻過來倒放在冷卻架上，讓它完全冷卻。吃不完的部分封好放進冰箱，可保存 4 天，或是用保鮮膜完全包好，冷凍可保存 3 個月。

備註：

花生醬有不同的鹹度，這個食譜是用微鹹的花生醬。吃吃看你用的花生醬試鹹度，然後直接調整食譜裡的鹽量（花生醬香蕉麵包裡有一點點鹽分不一定是壞事）。如果你用的是無鹽花生醬，可以考慮在拌好的粉裡加 1-2 小撮鹽。

如果你不喜歡花生醬，可以隨意換成等量的杏仁醬、腰果醬或芝麻醬。

黑巧克力椰子穀麥脆片

份量：約 7 杯（14-18 人份）　|　**備料**：15 分鐘　|　**烹煮時間**：35 分鐘

　　這是點心、早餐還是甜點？答案：都是。多虧了椰子粉和黑巧克力，讓無麩質的穀麥脆片既有營養又能滿足想吃的心。這不是很甜，所以可以搭優格變成早餐，隨手抓一把吃就是點心，或是撒一點碎片在熱巧克力糖漿聖代上，變成獨特甜點的點綴（請見第 318 頁）。

1/2 杯無糖杏仁奶油

1/2 杯楓糖漿

1/3 杯培根油

1 茶匙香草精

1/2 茶匙細海鹽

1 杯杏仁片

1/2 杯切碎的生胡桃或核桃

1/4 杯大麻籽

1 杯無糖椰子絲

1/4 杯（25 克）生可可粉

1/4 杯（25 克）去皮杏仁粉

55 克黑巧克力（至少 70% 以上），切碎

1. 烤箱預熱至攝氏 165 度。烘焙紙平鋪在一個有邊框的烤盤上。

2. 把杏仁奶油、楓糖漿、培根油放在一個中型單柄鍋上。開小火放上鍋子，頻繁攪拌到食材變滑順且充分融合。把鍋子拿開，拌進香草精和鹽。

3. 用一個大碗把杏仁、胡桃、大麻籽、椰子絲、可可粉和杏仁粉拌勻。倒進杏仁奶油，全部拌在一起到食材均勻融合。薄薄一層、均勻地鋪在烤盤上（如果太厚就不會變脆）。

4. 烤到穀麥變金黃色，開始變脆（冷卻後會變更脆），約 25-30 分鐘。把烤盤放在金屬網架上，上面撒上切碎的巧克力（會融化，正是你會想要的效果）。充分冷卻後，再把整片穀麥弄碎成脆片。放進密封盒裡可冷藏保存 1 週。

備註：

> 如果你沒有培根油（為什麼沒有），可以換成未精煉的椰子油或橄欖油。

生酮蛋麵包

份量：6 人份 | **備料**：10 分鐘 | **烹煮時間**：23 分鐘

　　無麩質飲食可以帶來很多好處，但沒有麵包絕對是一大缺憾。難怪人們會找出替代方案，生酮蛋麵包就是一種有軟綿口感，超級像碳水化合物的低碳替代品。一份麵包可以是絕佳的點心，也可以配湯，或是切半做成三明治或配邋邋喬肉醬（請見第 180 頁）享用。就像起司鬆餅一樣（請見第 208 頁），蛋和起司結合會神奇地構成鬆軟、出人意料的美食。我們喜歡用馬斯卡彭起司，它是奶油乳酪的義大利版本，常用於提拉米蘇，不過如果不好買到馬斯卡彭，可以用奶油乳酪替代。

3 顆大型蛋，蛋白和蛋黃分開放
1/8 茶匙塔塔粉
1/4 杯馬斯卡彭起司，置於室溫下
1/8 茶匙細海鹽

1. 烤箱預熱至攝氏 150 度。烘焙紙平鋪在一個有邊框的烤盤上。

2. 拿一個大碗，用電動攪拌器高速把蛋白打到起泡，放進塔塔粉，繼續打到拉起蛋白會有堅挺的泡沫角，約 2 分鐘。

3. 用另一個大碗，電動攪拌器或攪拌棒都可以，把馬斯卡彭、蛋黃、鹽攪打到質地滑順，約 1 分鐘。

4. 用矽膠刮刀輕輕地分次把蛋白拌進馬斯卡彭到融合，不要過度攪拌，否則會破壞蛋白裡的氣泡。

5. 用湯匙把混合好的起司蛋白糊放進鋪好烘焙紙的烤盤，放成 6 個圓形，每個約 2.5 公分厚，每一個之間留 2.5 公分以上的空間。烤到他們膨脹起來，外皮開始轉為金黃色，約 20-23 分鐘。

備註：

> 烤好的麵包可以放在密封盒裡，冷藏可保存 2-3 天，但當天吃的口感最佳。
>
> 如果你想來點香氣，可隨意加入不同的香料，例如可以試試甜的口味，加入 1/4 至 1/2 茶匙肉桂粉，想吃鹹味的話可以加相同份量的大蒜粉。

火雞肉乾

份量：6 人份　|　**備料**：10 分鐘，冷凍時間 1 小時，醃肉時間 12 小時　|　**烹煮時間**：8 小時

別誤會，只是為了簡單明瞭所以叫它「火雞肉乾」，這個版本超好吃，絕不會像一些包裝好的肉乾一樣過鹹或過甜。

約 450 克無骨、去皮的火雞胸，拍乾

1/4 杯椰子氨基調味醬油

1/4 杯蘋果醋

2 湯匙生蜂蜜

2 湯匙嬌露辣蒜味辣椒醬或微辣到中辣的自選辣椒醬

1/2 茶匙大蒜粉

1/2 茶匙洋蔥粉

1/2 茶匙細海鹽

1/2 茶匙現磨黑胡椒

特殊設備：

食物乾燥機（我們推薦的工具，請見備註的烤箱製作法）

1. 火雞胸平放在盤子或有邊框的烤盤上，稍微蓋住後放進冷凍庫，凍到肉質變硬但不要完全結凍，約 1 小時。

2. 火雞胸冷凍時，把椰子氨基調味醬油、醋、蜂蜜、辣醬、大蒜粉、洋蔥粉、鹽和胡椒放在大型烤盤或加侖尺寸的密封袋裡攪拌均勻。

3. 火雞胸凍硬後放在砧板上，修掉外面的脂肪和筋膜，順著紋理切成 0.6 公分的肉條，確保肉條盡可能一樣大小，這樣才能均勻乾燥。把火雞胸放進有醃料的盤子或袋子裡，攪拌均勻，讓肉條充分裹上醃料後，封起來冷藏 12 小時。

4. 把火雞肉條拿出來，用廚房紙巾拍乾（除掉多餘醃料）。把肉條平放在乾燥盤上，乾燥機設定在攝氏 70 度。

5. 完全乾燥後把肉條從乾燥機拿出來，大約和一般牛肉乾一樣的乾度，約 8 小時。如果你喜歡更有嚼勁或更乾的肉乾，可以直接調整乾燥時間，乾燥時間越久，成品就會變得更乾、更硬。如果你喜歡比較有嚼勁的肉乾，乾燥至 7 小時的時間試吃看看是不是你理想的口感。

備註：

如果你沒有乾燥機，可以改用烤箱。預熱烤箱至攝氏 95 度，有邊框的烤盤裡放好網架，把肉乾放在網架上，烘烤時間約 10 小時（因為烤箱沒有乾燥機的循環氣流，除去肉條水分的過程會稍微久一點）。每隔幾小時看一下肉條烤得如何，把烤箱門打開散一下濕氣。

烤好的肉條可以放在玻璃密封罐裡，可冷藏保存 1 週。

豬皮玉米片

份量：4 人份 ｜ **備料：**5 分鐘 ｜ **烹煮時間：**10 分鐘

　　這種玉米片和你喜歡的玉米片一樣，鹹鹹脆脆又讓人滿足，而且碳水量更少。可以加上你喜歡的餡料，起司和碎肉是不錯的選擇。

1 袋（70 克）豬皮

1/2 杯切碎的甜椒（任何顏色皆可）

1/4 杯切碎的白色或紅色洋蔥

1/2 杯切絲切達起司或自選起司（約 55 克）

1/4 茶匙卡宴辣椒或煙燻甜椒粉，裝飾用（自由選擇）

1. 烤箱預熱至攝氏 175 度。烘焙紙平鋪在有邊框的烤盤上。

2. 豬皮平鋪一層在烤盤上，放上甜椒、洋蔥、起司（如果還有剩可以再鋪一層豬皮粉和配料）。

3. 烤到起司融化並開始呈現棕色，約 8-10 分鐘（或是低溫直烤約 5-6 分鐘）。

4. 喜歡的話可以撒卡宴辣椒或煙燻甜椒粉在玉米片上，立刻享用。

覓食者綜合乾果

份量：約 3 杯（6 人份） | **備料：**10 分鐘 | **烹煮時間：**20 分鐘

　　我們承認，我們就是愛吃零食的人。製作綜合乾果能結合出新香氣和口感，帶去公路旅行和健走都很合適，而且這些小零食小朋友吃也很健康。就像我們大多數食譜一樣，這個食譜的有趣之處就是可以根據自己的喜好更換食材。你可以不加乾燥水果，如果你想多攝取碳水化合物就加（冷凍乾燥水果的香氣和口感都很好，碳水化合物和纖維也較少）。使用你喜歡的堅果和果仁，可以試試不同的起司和辛香料，不管你要用什麼組合，都可以做出美味可口的零食。

1 杯綜合生腰果、杏仁、去殼葵瓜子或自選堅果及果仁

3/4 杯現磨帕瑪森起司（約 65 克）

3/4 杯切斯莫札瑞拉或切達起司（約 170 克）

1/2 到 3/4 茶匙辛香料或綜合調味料（自選；請見備註）

1 杯豬皮

1 杯冷凍乾燥莓果（自由選擇）

1. 烤架分別放在最上層和第三層底部的位置，烤箱預熱至攝氏 205 度。烘焙紙分別鋪在兩個烤盤上。

2. 堅果和果仁放在其中一個烤盤上，放進最上層烤到顏色變金黃色，約 20 分鐘，中途要整個翻過一遍，烤完移到中碗裡。

3. 正在烤堅果和果仁時，來做起司脆片：用一個小碗，把帕瑪森和莫札瑞拉起司拌在一起。用湯匙挖一勺放在另一個烤盤上，每一堆距離約 5 公分（烤的時候會散開），喜歡的話可以撒上辛香料。放在烤箱底部那層烤到邊緣變棕色，約 6-8 分鐘。頻繁確認烘烤的程度，可以適時把烤盤移開以防烤焦。烤好後冷卻 5 分鐘，然後把脆片移到廚房紙巾上瀝乾。

4. 把起司脆片剝碎，放進堅果／果仁的碗裡，加入豬皮和冷凍乾燥莓果。攪拌後試吃看看，喜歡的話可以多加一些其他香料。

備註：

我們喜歡用 1/4 茶匙的卡宴辣椒、辣椒粉和大蒜粉，但幾乎所有香料都適用。因為帕瑪森起司有鹹味，我們建議使用無鹽的香料，不過都看你的喜好。能放在密封盒裡保存的時間會依據食材不同而定，大約 1-2 天不等，最好還是趁新鮮吃吧。

「動物」脆餅

份量：6 人份　|　備料：10 分鐘　|　烹煮時間：10 分鐘

　　這個無麩質餅乾的命名是因為額外加了乾燥的器官肉和膠原蛋白，不是因為動物造型（當然你想要動物造型也可以試試看）。這是絕佳的點心（小孩也愛），還可以當鹹食點心拼盤（第 330 頁）或煙燻鮭魚肉醬（第 308 頁）、檸檬龍蒿龍蝦沙拉（第 226 頁）的配菜。

1 又 1/4 杯（160 克）去皮杏仁粉，多備一些滾麵團用

1/4 杯（30 克）亞麻籽粉

1/4 杯（30 克）無調味草飼膠原蛋白胜肽粉

1 湯匙乾燥牛肝粉

1 湯匙芝麻籽

1/2 茶匙細海鹽

1/2 茶匙現磨黑胡椒，多備一些可以最後裝飾用

2 湯匙特級初榨橄欖油

1 顆大型蛋

片狀海鹽，裝飾用

1. 把烤架放在烤箱最上層和最下層；烤箱預熱至攝氏 230 度。

2. 杏仁粉、亞麻籽粉、膠原蛋白粉、牛肝粉、芝麻籽、鹽和胡椒放進大碗裡拌勻。

3. 橄欖油和蛋放進小碗裡攪打均勻。

4. 慢慢把蛋液倒進混合好的粉裡，用沾溼的手把麵團揉勻。麵團可能會很黏，但沒關係，確保麵團均勻，沒有凝結的塊狀即可。揉好的麵團分成二等分。

5. 在一大張烘焙紙上大量撒上杏仁粉，把其中一塊麵團放在烘焙紙上，在麵團上撒上更多杏仁粉以防沾黏。麵團上再放上一張烘焙紙，用桿麵棍滾成 0.6 公分的厚度。

6. 把上層的烘焙紙移開，用披薩刀或主廚刀把麵團切成長寬各 5 公分左右的脆餅，但不要完全切斷（烤完後就可以輕鬆剝開）。大量撒上片狀海鹽，喜歡的話可以撒一些現磨黑胡椒。把放著餅乾的下層烘焙紙移到餅乾烤盤上，另一塊麵團也重複一樣的步驟，最後放到另一個烤盤上。

7. 烤到餅乾呈現金黃色，約 10 分鐘。小心看好它們，餅乾很容易烤焦。剝成脆餅前，放在烤盤上讓餅乾完全冷卻再剝開。

備註：

你可以在網路商店或健康食品商店買到牛肝粉。記得要買 100% 草飼、完全草飼（標籤上會註明），養分最豐富。

這裡我們會用餅乾烤盤，因為比較容易把烘焙紙滑上烤盤，在平面上把脆餅撥開也比有邊框的烤盤方便。如果你沒有餅乾烤盤，可以用有邊框的烤盤。

脆餅放在密封盒裡，常溫可以保存 5 天。

煙燻鮭魚肉醬

份量：1 杯（6-8 人份） │ **備料**：5 分鐘，冷卻時間 30 分鐘

　　這其實是煙燻鮭魚奶油乳酪抹醬的精緻版，不過拜託，還是叫它肉醬（pâté），聽起來比較隆重。如果你喜歡，可以用不同香料改變風味，1 匙甜菜辣根醬就不錯，或是試試細蔥和（或代替）蒔蘿。

110 克奶油乳酪，置於室溫下

2 湯匙（30 克）無鹽奶油，置於室溫下

85 克冷燻鮭魚，如鹽漬鮭魚，大略撕碎

1 茶匙新鮮檸檬汁

1/4 茶匙切碎的新鮮蒔蘿，喜歡的話多備一些裝飾用

1/2 茶匙細海鹽

1/4 茶匙現磨黑胡椒

生菜葉、菊苣嫩葉或無麩質脆餅，自製（第 306 頁）或市售皆可，配菜用

1. 用食物處理機把奶油乳酪和奶油攪拌到質地變滑順，約 1 分鐘。

2. 放進鮭魚、檸檬汁、蒔蘿、鹽和胡椒。繼續攪打到滑順，約 1 分鐘以上。

3. 挖 1 匙肉醬到小碗裡，喜歡的話再撒一些蒔蘿。蓋上蓋子，冷藏到質地變硬，約 30 分鐘。搭配生菜葉、菊苣嫩葉或脆餅享用。

第十二章
甜點與飲品

香草冰淇淋

份量：約 1 公升 ｜ **備料：**30 分鐘，另外 6.5 小時冷卻、攪拌、冷凍 ｜ **烹煮時間：**10 分鐘

　　冰淇淋是肉食？當然是啊——有蛋黃、重鮮奶油、全脂牛奶。我們的版本沒有一般冰淇淋那麼甜，還是減輕了糖的量，不過多虧了油脂和香草豆莢散發出的香草香氣，吃起來還是很濃郁且讓人滿足。你可以用 1 湯匙純香草精取代香草豆莢，但如果你買得到香草豆莢，我們還是建議你用香草豆莢，成分簡單、糖量減少，散發著讓人難以忽視的香草香氣。

1 又 1/2 杯全脂牛奶

1/4 茶匙細海鹽

1 條香草豆莢，縱向剖開

4 顆大型蛋黃

1/2 杯（65 克）椰糖

1 又 1/2 杯重鮮奶油

特殊設備：

冰淇淋機

1. 提前至少 12 小時，把冰淇淋機的碗放進冷凍庫。

2. 把牛奶和鹽放進單柄鍋，香草豆莢裡的香草籽刮出來，把籽和豆莢一起放進牛奶裡。開中火慢慢燉煮牛奶，然後把火轉小。

3. 同時把蛋黃和糖放進攪拌盆裡，攪打到完全融合，質地變得稍微濃稠。持續大力攪拌，慢慢滴幾勺熱牛奶到蛋液裡，然後再緩慢地把蛋液放進熱牛奶鍋裡，繼續大力地攪打。

4. 把火轉到中小火，煮混合好的牛奶和蛋液的同時，持續攪拌、刮鍋子底部和鍋邊，直到質地濃稠到可以裹在湯匙上，約 3-5 分鐘。煮好後用細篩網篩過倒進大碗裡，拌進奶油，蓋上蓋子冷藏至少 4 小時或隔夜。

5. 冰淇淋液倒進冰淇淋機的碗裡，根據其使用手冊持續攪拌。最後放進能冷凍的密封盒，冷凍到質地變硬，至少需 2 小時。

水果果凍

份量：15-20 塊 ｜ **備料**：5 分鐘，冷藏時間 1 小時 ｜ **烹煮時間**：5 分鐘

　　果凍也被稱為軟糖，不管小孩還是大人都很喜歡。健康的做法比想像中容易，用草飼明膠或是天然甜味劑取代一堆白糖即可。你可以用矽膠糖果模具做出不同造型或尺寸，或者如果你有小熊軟糖這種小模具，就用它吧（用滴管可以輕鬆把液體滴進模具）。做好後 1-2 天內吃完，超過這個時間可能會變硬或是失去香氣。

3/4 杯無加糖果汁，如石榴、蘋果、綠果汁或綜合果汁

2 湯匙新鮮柳橙汁或檸檬汁或萊姆汁

1 小撮海鹽

1 湯匙生蜂蜜或楓糖漿

1 又 1/2 湯匙原味草飼明膠

特殊設備：
小熊軟糖模具（50 顆，可自由選擇）

1. 用一個小型單柄鍋，把果汁、酸果汁和鹽放進去拌勻。開中火加熱，但不要煮滾，看到出現蒸氣即可。把火轉為小火，然後拌進蜂蜜。分批放進明膠，攪拌到完全溶解。

2. 用細篩網過濾混合液，放進小型耐熱壺或液體涼杯裡。把混合液用湯匙或直接灌進模具，如果你的模具很小，用小湯匙或小滴管也可以，或者你可以全部倒進長條麵包模裡。冷藏到質地變硬，至少 1 小時。

3. 擠壓模具把果凍擠出來。如果你用長條麵包模，用餅乾模具切出形狀，或是簡單切成方形，然後用小型有彈性、可彎折的鏟子把果凍挖出模具。吃不完的部分可放進冰箱冷藏 2 天。

備註：

> 綠果汁通常是羽衣甘藍或菠菜，有時會加小黃瓜、奇異果、蘋果製成，是這道食譜的好選項，能讓你的孩子（或你自己）多攝取營養素。

祕製餅乾麵團松露巧克力

份量：約 24 顆松露巧克力 | **備料**：30 分鐘，冷凍及冷藏時間 1 小時 45 分鐘 | **烹煮時間**：5 分鐘

　　天然甜的腰果奶油在香氣和質地上都有令人驚奇的餅乾麵團感。在這些小小的松露巧克力裡加入可可碎粒和豬皮粉，沾上融化的黑巧克力，在你的嘴裡變成一場香甜酥脆的慶典。帶去參加派對肯定被秒殺，或是為自己做一些，然後冰在冷凍庫，拿來應對「巧克力癮」發作的緊急時刻（這可是常見現象）。

1 杯無加糖滑順腰果奶油

1/2 杯豬皮粉

1/2 杯可可碎粒

1/4 杯楓糖漿

1 茶匙香草精

1 小撮細海鹽（腰果奶油無鹽的話）

椰子粉，需要的話

1 杯黑巧克力脆片，或 140 克黑巧克力，切碎（需 70% 以上）

1 茶匙椰子油

片狀海鹽，裝飾用

1. 把腰果奶油、豬皮粉、可可碎粒、楓糖漿、香草精和鹽放在大碗裡，混合完成的質地應該是硬的，可以整團握住，如果不能握住就拌進 1 湯匙椰子粉（需要的話可以加更多）。

2. 混合好的奶油分成 1 湯匙大小（小的冰淇淋挖勺可能派得上用場），冷凍 15 分鐘。然後用手掌滾成圓球狀，再冷凍 30 分鐘。

3. 把巧克力脆片和椰子油放進金屬碗裡，放在攝氏 50 度的鍋子裡隔水加熱，一直攪拌到融化且質地變滑順，約 5 分鐘。把金屬碗從鍋子裡移開。

4. 烘焙紙平鋪在有邊框的烤盤上。分次處理，一次把一顆奶油球浸入黑巧克力裡，轉一轉裹上巧克力，裹好後用叉子取出，把多餘的巧克力輕甩回碗裡。裹好巧克力的球放進鋪好烘焙紙的烤盤，撒上 1 小撮片狀海鹽（如果巧克力還有剩，也可以淋在松露巧克力上裝飾，如照片）。

5. 放進冰箱冷藏到巧克力變硬，至少 1 小時。趁冰涼的時候享用，吃不完的部分可以封好，冷藏保存可達 1 週，冷凍可達 2 個月。

備註：

> 把巧克力碗從滾水鍋裡移出後，鍋子繼續放在爐台上。如果冷凍的松露巧克力球讓巧克力漿變硬，再把碗放回鍋子裡熱幾分鐘，讓它保持融化狀態。

熱巧克力糖漿聖代

份量：4 人份 ｜ **備料**：20 分鐘 ｜ **烹煮時間**：5 分鐘

好吧，我們承認，熱巧克力糖漿聖代不是最健康的食物，但我們堅信健康的一部分是平衡，當你享受偶一為之的聖代時，生活就會變得更好。除此之外，自己動手做就能確保食材都是最好的品質。我們撒上自製的黑巧克力椰子穀麥脆片，增添一點酥脆口感，你也可以不加，或是改成你喜歡的烤堅果。你肯定還會剩下一些熱糖漿，封好可冷藏保存 2 週（雖然我們通常沒辦法留這麼久）。用小火慢慢回溫，淋在冰淇淋或莓果上也很搭。

熱巧克力糖漿

225 克黑巧克力（至少 70%），切碎

3/4 杯重鮮奶油

4 湯匙（60 克）無鹽奶油，切片

2 湯匙生蜂蜜

2 湯匙椰糖

2 湯匙生可可粉

1/8 茶匙細海鹽

1 小撮即溶咖啡粉（可加可不加）

1 茶匙香草精

鮮奶油：

1/2 杯重鮮奶油

聖代：

4-8 球香草冰淇淋（第 312 頁）或自選市售冰淇淋

1/2 杯黑巧克力椰子穀麥脆片（第 296 頁）

1. 把一個中型金屬碗和電動攪拌器的攪拌棒放進冷凍庫。

2. 製作熱巧克力糖漿：把巧克力、鮮奶油、奶油、蜂蜜、椰糖、可可粉、鹽和咖啡（如果要加的話）放進中型單柄鍋裡拌勻。開中小火邊煮邊攪拌，煮到巧克力融化，質地變滑順且糖完全溶解，約 4-5 分鐘。鍋子從爐台上移開，拌進香草精，讓糖漿稍微冷卻。

3. 製作鮮奶油：把冷凍庫裡的碗和攪拌棒拿出來，鮮奶油倒進碗裡，開中高速打到濕性發泡。

4. 準備上桌，把冰淇淋分到 4 個碗裡，每個碗淋上 1-2 湯匙熱巧克力糖漿。撒上 1-2 湯匙穀麥脆片。上面放上一匙鮮奶油，開動吧！

法式吐司卡士達

份量：6 人份 ｜ **備料**：10 分鐘 ｜ **烹煮時間**：50 分鐘

如果你是烤布蕾的忠實粉絲，肯定會喜歡這個肉食版本：有點甜、奶油般絲滑、帶點蛋香。這個版本的卡士達富含健康脂肪和對身體有益的膠原蛋白，一樣能滿足罪惡甜點的胃，讓人心滿意足又不會在晚餐後飽睏。

4 顆大型蛋黃，置於室溫下

1/2 杯楓糖漿

2 杯無糖全脂椰奶或重鮮奶油

1/4 杯（30 克）無調味草飼膠原蛋白胜肽粉

1 茶匙香草精

1 茶匙磨碎的肉豆蔻

1 茶匙磨碎的肉桂，喜歡的話多備一點最後撒上

1/2 茶匙磨碎的白豆蔻

1/8 茶匙細海鹽

1. 烤箱預熱至攝氏 165 度。

2. 蛋黃、楓糖漿放進大碗裡，用電動攪拌器或攪拌棒攪拌均勻（不要過度攪拌）。椰奶緩緩倒入，邊倒邊攪拌，直到所有材料都融合。拌進膠原蛋白胜肽粉、香草精、肉豆蔻、肉桂和白豆蔻，拌勻即可。

3. 混合好的麵糊分到 6 個 170 克的模具裡，喜歡的話分別撒上一些肉桂。把模具放在烤盤或大型玻璃烤盤上（深度至少 5 公分）。把烤盤倒進足量溫水，大約要到模具的一半高度。

4. 烤到卡士達剛剛好凝固，搖晃時會稍微搖動，牙籤戳下去拿出來沒有沾黏，約 50 分鐘（不要烤過頭，不然卡士達會變硬）。小心地把卡式達從水浴中拿出來。趁熱享用，或冷卻後蓋上冷藏，冰涼吃也好吃。吃不完的部分用保鮮膜封好，可冷藏保存 2 天。

備註：

> 你可以用電子溫度計確認卡士達的熟度是否剛好，插進中心時應該是攝氏 76 至 79 度。

楓糖培根馬林糖

份量：約 20 顆馬林糖 | **備料**：20 分鐘，烤箱乾燥時間 1 小時 | **烹煮時間**：1 小時

　　你選擇高蛋白、原型食物的飲食，不代表不會想偶爾來點甜食。馬林糖是相對甜的點心，加上帶有鹹味嚼勁的培根，是一款能讓人上癮的點心，而且吃起來沒有負擔又有口感，只要幾顆就能解饞。

1/4 杯（30 克）椰糖

140 克培根（約 5 片）

1/4 杯楓糖漿

2 顆大型蛋白

1/4 茶匙塔塔粉

1/2 茶匙香草精（可加可不加）

1. 烤箱預熱至攝氏 175 度。2 個有邊框的烤盤鋪上烘焙紙，把冷卻架放在其中一個烤盤上。

2. 椰糖抹在培根的兩面上，把培根放在架子上，放進烤箱烤到變棕色、焦糖化且開始變脆，約 20 分鐘。烤好後把培根放在兩張廚房紙巾中間，吸掉多餘油脂。培根切成小碎片，放在旁邊備用。烤箱溫度降到攝氏 110 度。

3. 開中火，把楓糖漿放在小型單柄鍋裡熱到開始沸騰。

4. 用抬頭式電動攪拌機把蛋白和塔塔粉高速打發到乾性發泡，約 5 分鐘。攪拌機繼續攪拌的同時，慢慢地沿著碗的邊緣把熱楓糖漿倒進蛋白碗裡。喜歡的話可加入香草精。繼續攪打到蛋白糊變濃稠且有光澤，約 3-4 分鐘以上。

5. 把小型圓形或星形的擠花嘴套在擠花袋上，蛋白霜放進擠花袋。在第二個鋪好烘焙紙的烤盤上擠出約 2.5 公分寬、2.5 公分高的馬林糖（每個馬林糖間不用留太多空間，它們不會散開）。擠好的馬林糖上撒上培根碎片。

6. 馬林糖烤到變脆，但不要變成棕色，約 1 小時，烤箱門維持緊閉，馬林糖才不會回縮。烤完後馬林糖繼續放在烤箱裡乾燥 1 小時。

備註：

馬林糖的製作過程有點繁瑣，你不會想要烤得不夠或烤過頭的蛋白霜，濕度也會產出潮濕、嚼不爛的馬林糖。確保你的碗和所有工具都非常乾燥，不要在過度潮濕的日子做這款點心。做好後 1 天內享用，口感最佳，吃不完的話可以放在密封盒裡室溫保存。如果你沒有抬頭式電動攪拌棒，可以用手持式攪拌棒，只是會有點麻煩，因為你需要同時拿攪拌棒，還要固定碗。

日式起司蛋糕

份量：12 人份 ｜ **備料：**15 分鐘 ｜ **烹煮時間：**1 小時 10 分鐘

　　這個食譜的靈感源自我住家附近的日式起司蛋糕店，他們的起司蛋糕清爽、鬆軟且甜度很低。以蛋糕來說做法有點麻煩，但它清爽又如奶油般的口感，是能滿足口慾的點心，絕對值得一試。而且濃郁的起司香就和一般美式起司蛋糕一樣，負擔又沒那麼重（表示容易吃太多，我們可是有提醒你了……）。

無鹽奶油，塗抹用

6 顆大型蛋

1/8 茶匙塔塔粉

2 條（225 克）奶油乳酪，置於室溫下

2 湯匙新鮮檸檬汁

1 茶匙香草精

3/4 杯（95 克）椰糖

1 杯（130 克）去皮杏仁粉

1 茶匙發酵粉

1. 烤箱預熱至攝氏 165 度。從烘焙紙上剪下一個直徑 22 公分的圓，再多剪一條貼在鍋子邊緣。烘焙紙的兩面塗上奶油，然後鋪在彈簧烤模上。錫箔紙包在鍋子底部和邊緣，讓模具無法透水。

2. 把蛋白和蛋黃分開，分別放在大型攪拌盆裡。塔塔粉加入蛋白碗裡，電動攪拌棒開中速打到濕性發泡，約 3 分鐘。打好後放在旁邊備用，攪拌棒洗乾淨後擦乾。

3. 奶油乳酪放在蛋黃碗裡，中高速打到質地變滑順、奶油狀且沒有結塊，約 2 分鐘（記得刮一刮碗的邊緣，確保攪拌均勻）。加入檸檬汁、香草和糖，攪打到滑順，約 1 分鐘以上。加入杏仁粉和發酵粉，攪拌到完全融合，約 1 分鐘左右。

4. 用矽膠刮刀輕輕地把 1/3 蛋白刮進奶油乳酪糊裡，到剛剛好融合即可（不要過度攪拌，不然蛋白會回縮）。剩下的 2/3 蛋白一樣慢慢拌進去。拌好的乳酪糊倒進準備好的烤模裡，用刮刀把表面刮平。

5. 小心地把烤盤放在 6.5 公分深的大烤盤中心，把水倒進烤盤，水深約到彈簧烤盤的 1/3 處（水深約 3.5 公分）。烤到金屬烤肉串插進蛋糕中心拿出來沒有沾黏，輕輕搖晃蛋糕時中心會輕微搖動，約 1 小時 10 分鐘。

6. 小心地把彈簧烤模從水浴裡拿出來，錫箔紙拆掉。烤箱門打開，蛋糕放在烤箱裡冷卻，約 20 分鐘，然後拿出來放在冷卻架上，放在檯面上室溫下靜置。小心地拿刀從烤模邊邊畫一圈，方便從烤模裡拿出蛋糕，然後鬆開烤模上的扣子，小心地把蛋糕移到蛋糕盤上，烘焙紙丟掉。可以直接享用，或是冷卻後蓋上蓋子放進冰箱，吃冰涼的也好吃（我們覺得至少冰 2 小時，冷透最好吃）。蛋糕可以放在密封盒裡，冷藏保存 1 週，或冷凍保存 2 個月。

備註：

步驟 4 打發蛋白拌進奶油糊時，不過度攪拌是重要關鍵；過度攪拌會減少蛋白裡的氣泡，而氣泡就是蛋糕絕佳口感的來源。

烤好的蛋糕會變矮約 2.5 公分，這很正常；讓蛋糕在烤箱裡慢慢冷卻後放在檯面上靜置，最後再放進冰箱，可以讓蛋糕定型，避免蛋糕因為溫度差異太大而過度回縮。

橙香白巧克力鴨油甜餅乾

份量：12 人份 ｜ **備料：**15 分鐘，冷卻時間：45 分鐘 ｜ **烹煮時間：**12 分鐘

　　名字很繞口，做法也是。橙漬白巧克力能平衡甜度高的餅乾，鴨油能帶來不同的香氣層次（絕對沒有鴨味，我們發誓）。你可以隨意使用不同的辛香料，或是用黑巧克力取代白巧克力。

2 杯原始飲食烘焙預拌粉或無麩質烘焙預拌粉

1/2 茶匙發酵粉

1/4 茶匙細海鹽

1 杯（130 克）椰糖

4 湯匙（60 克）無鹽奶油，置於室溫下

1/4 杯鴨油，置於室溫下

1 顆大型蛋

1 茶匙香草精

白巧克力沾醬：

1/3 杯白巧克力沾醬

1 湯匙椰子油

1/2 茶匙柑橘萃取液

1 顆橘子皮，裝飾用

1. 烤箱預熱至攝氏 165 度。烘焙紙平鋪在有邊框的烤盤上。

2. 預拌粉、發酵粉和鹽放進大碗裡混合。

3. 用另一個大碗，電動攪拌棒開中速，把糖、奶油、鴨油攪拌成奶油狀，質地變蓬鬆且完全融合，約 3 分鐘。加入蛋和香草精，慢慢地把預拌粉加入奶油糊裡，攪打到剛好融合（不要過度攪打）。蓋上蓋子冷藏到麵糊變硬，約 15 分鐘。

4. 麵團分成直徑 5 公分的 12 顆球，然後用手掌壓成 2.5 公分厚。放在鋪好烘焙紙的烤盤上，每一個間隔約 5 公分。

5. 烤到餅乾的邊緣稍微變棕色，約 12 分鐘。把餅乾移到架子上冷卻。

6. 餅乾完全冷卻後，開始製作沾醬：白巧克力和椰子油放進可微波的碗裡，放進微波爐微波融化，每次間隔約 30 秒到質地變滑順，每 30 秒攪拌一下。加入柑橘萃取液。

7. 餅乾放進巧克力糊裡沾一下，然後放在烘焙紙上，撒上橙皮。冷藏 30 分鐘讓巧克力凝固後即可享用。餅乾放進密封盒裡可保存 5 天，通常不需要冷藏，除非你家非常熱。

巧克力豆肉食蛋白棒

份量：12 條 ｜ **備料：**10 分鐘，冷卻時間 1 小時

　　口感濃郁、能滿足咀嚼慾的餅乾棒，可能會讓你想起家裡附近雜貨店賣的人氣冷凍蛋白棒，但這種自製蛋白棒，你可以自己控制糖分，還能加點內臟肉的粉末（沒有味道）提升營養價值。這是為孩子獲取更多養分的絕佳辦法，而且大人也會喜歡這些蛋白棒。

1 杯（130 克）燕麥粉或原始飲食烘焙預拌粉或無麩質烘焙預拌粉

1/4 杯（30 克）香草口味高蛋白粉

1/4 杯（30 克）無調味草飼膠原蛋白胜肽粉

1 湯匙牛內臟粉

1/4 茶匙細海鹽

1/2 杯無調味、無鹽天然花生奶油或自選堅果奶油

1/3 杯生蜂蜜

1 茶匙香草精

1-2 湯匙椰子油

1/2 杯小巧克力豆，喜歡的話多備一些裝飾用

1. 把一個長 20 公分、寬 10 公分的長條麵包模塗上油。燕麥粉、蛋白粉、膠原蛋白粉、內臟粉和鹽放進大碗裡混合。加入花生奶油、蜂蜜、香草精和 1 湯匙椰子油，用濕的手拌勻。拌好的麵糊應該要是黏稠、像黏土一樣的質地，如果太容易崩解或太乾就再加 1 湯匙椰子油。拌入巧克力豆。

2. 把混合好的麵團放進抹好油的麵包模，喜歡的話上方可以壓進更多巧克力豆。蓋上蓋子冷藏至少 1 小時，然後再切成條狀。封好放進冰箱可冷藏保存 1 週。

備註：

燕麥本身就無麩質，但有時會因為鄰近產地或生產過程中混到小麥、黑麥或其他穀物而含有麩質。如果你患有乳糜瀉或麩質過敏，要確定你買到的是認證過的無麩質燕麥和燕麥粉，認證過的燕麥其生長、採收和加工過程都嚴防交叉污染。

鹹食點心拼盤

份量：4-8 人份 ｜ **備料**：10 分鐘

　　有些人比較喜歡晚餐後來點鹹食點心（你們自己知道的吧，總是在餐廳點起司拼盤當作餐後點心），這很簡單，只要用我們的點心食譜，把它們放上起司盤或熟食盤上，就能用美味的動物性美食讓朋友們驚豔。

1 批覓食者綜合乾果（第 304 頁）

1 批火雞肉乾（第 300 頁）

1 批「動物」脆餅（第 306 頁）和三種特調奶油（請參考第 346-349 頁）

1 批黑巧克力椰子穀麥脆片（第 296 頁）

1 批氣炸綜合蕃薯片（第 274 頁）

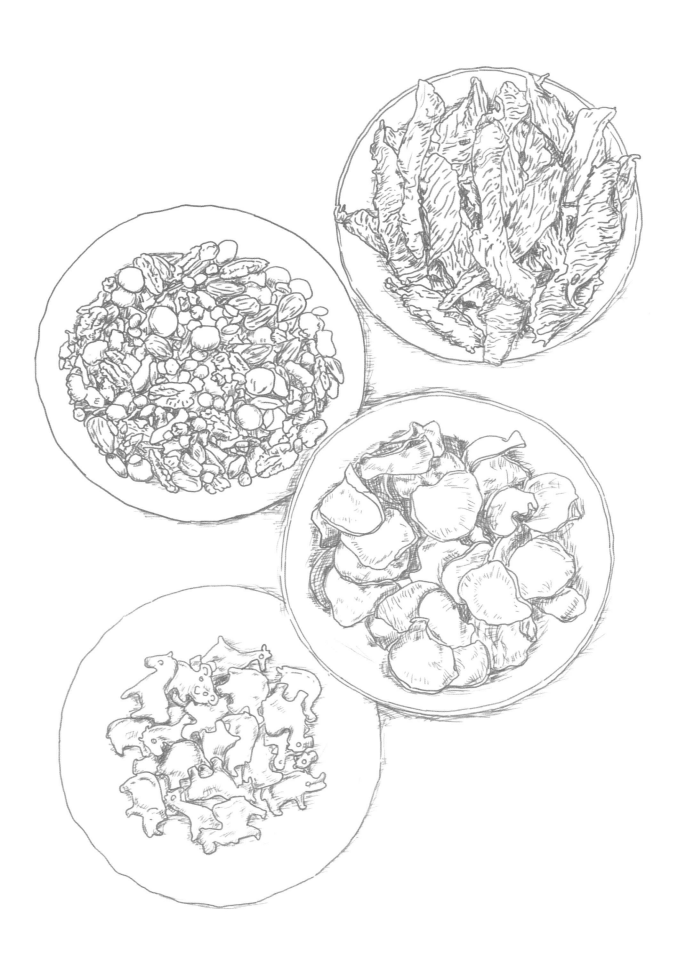

血橙琴費斯

份量：1 杯 ｜ **備料：**10 分鐘

　　這款以琴酒為基底的經典調酒裡加了 1 顆蛋白，所以會有泡沫，加冰之前先搖一搖（就是「乾搖法」），把空氣打進去，讓泡沫變得更多。我們喜歡血橙酸酸甜甜的味道和漂亮的顏色，不過如果你喜歡也可以換成經典的檸檬汁。

60 毫升琴酒

30 毫升新鮮血橙汁

1 又 1/2 茶匙生蜂蜜

1 顆蛋白

方形冰塊

蘇打水，最後淋上

1. 琴酒、血橙汁、蜂蜜、蛋白放進雞尾酒調酒器，搖 15 秒到酒開始出現泡沫。

2. 方形冰塊放進調酒器裡，再次搖動到所有材料冰透且產生更多泡沫。

3. 倒進馬丁尼杯或雞尾酒杯，再淋上蘇打水，開喝。

香辣公牛一口酒

份量：1 杯 ｜ 備料：10 分鐘，浸泡時間 24 小時

　　我會知道公牛彈丸雞尾酒，是幾十年前在紐約餐廳當服務生的時候。材料有罐頭牛骨湯，那時候聽起來覺得⋯⋯嗯，超怪。現在我們知道了骨湯的好處，決定再給它一次機會。這個版本採用浸入辛辣墨西哥辣椒風味的龍舌蘭酒和萊姆汁，取代傳統的伏特加和檸檬汁，這杯獨特的雞尾酒能讓你在早午餐時段馬上醒神。

墨西哥辣椒風味的龍舌蘭酒
（4 杯一口酒）：

235 毫升白銀龍舌蘭酒（就是白龍舌蘭酒）

1/2 根墨西根辣椒，縱向對半切開，去除籽和纖維

1 杯公牛一口酒：

冰

60 毫升浸入墨西哥辣椒的龍舌蘭酒（做法如步驟 1）

3/4 杯牛骨湯

2 湯匙新鮮萊姆汁

1/4 茶匙伍斯特醬

1/4 茶匙細海鹽

1/4 茶匙現磨黑胡椒

1/8 茶匙現磨芹菜籽（見備註）

辣醬（自選）

1. 為龍舌蘭注入香氣：把龍舌蘭倒進有蓋子的罐子裡，加入墨西哥辣椒。蓋上蓋子靜置室溫下 24 小時。過濾龍舌蘭酒，把墨西哥辣椒拿出來。

2. 開始製作公牛一口酒，拿一個岩杯裝滿冰塊，雞尾酒調酒器也裝滿冰塊。在調酒器裡倒入 60 毫升的浸入辣椒香氣的龍舌蘭酒、骨湯、萊姆汁、伍斯特醬、鹽、胡椒、芹菜籽，搖勻。過濾後倒進裝滿冰塊的岩杯裡。喜歡的話可以淋上幾滴辣醬，然後開喝。

備註：

> 如果你喜歡有鹽邊的杯緣，可以用檸檬塊在杯緣抹一圈，然後杯緣沾上粗鹽，再放入冰塊。
>
> 沒用完的辣椒龍舌蘭酒可以繼續做公牛一口酒或其他雞尾酒。

富含抗氧化物的啜飲肉湯

份量：3 碗（每碗 235 毫升）| **備料：**10 分鐘，浸泡時間 30 分鐘 | **烹煮時間：**16-24 小時

　　雖然是很有歷史的食物，但骨湯正在復興。燉湯的時候加入辛香料能浸入更有層次的香氣，變成真正適合啜飲的湯品。在寒冷冬季的午後來一碗，或者如果你正在進行我們聽過的咖啡因淨化法，可以用這碗湯取代咖啡。

450 克牛骨

3 杯過濾水，需要的話多備一點

3 湯匙蘋果醋

2 根肉桂棒，喜歡的話多備一些裝飾用

1 茶匙薑黃粉

1 茶匙細海鹽

1 茶匙現磨黑胡椒

1/2 茶匙卡宴辣椒粉

1/2 茶匙丁香粒

1. 牛骨、過濾水、醋放進 6.6 公升的慢燉鍋，確保水有浸到牛骨，至少超過牛骨 2.5 公分。不用開火，靜置 30 分鐘。

2. 拌入肉桂棒、薑黃粉、鹽、黑胡椒、卡宴辣椒、丁香。蓋上蓋子，小火慢煮 16-24 小時，每隔 3 小時確認一下水量，有需要可再補水，確保骨頭完全浸泡在水裡。

3. 用夾子或漏勺把骨頭和肉桂棒取出。煮好的骨湯用細篩網過濾到 1 公升左右的玻璃密封罐。等湯不那麼滾燙時再試吃看看，依照你的口味用鹽和胡椒調味。倒進 235 毫升的杯子裡趁熱享用，喜歡的話可以放進 1-2 根肉桂棒裝飾，完全冷卻後再蓋上蓋子冷藏保存；骨湯可以在密封盒裡冷藏保存 1 週。

備註：

我們常常在骨湯裡加蔬菜，增添味道的層次和養分，不過這裡是希望以啜飲的方式享用，而且會拿來做第 338 頁的辛香料骨湯熱巧克力，我們讓它簡單點，只留下牛肉和香料的味道。

水的味道會影響骨湯的風味，因此我們建議使用過濾水，但不是一定只能用過濾水，如果你有味道很好的自來水也行。

備註：

當你再次加熱骨湯時，不要煮到滾，煮滾可能會破壞好的油脂和膠原蛋白。煮到微熱就好了。

你可以用能冷凍的密封盒冷凍骨湯，冷凍可保存 6 個月。專家級訣竅：骨湯裡有加蔬菜和香氣濃郁的香草的話，它就是許多美食的基底，我們建議用製冰盒冷凍起來（用矽膠製冰盒比較好脫模），冷凍後脫模，用密封冷凍袋保存。

我們花了很長時間在這道菜，這取決於你有多少時間。你會希望至少燉煮 16 小時，讓牛骨釋出膠原蛋白。燉得越久，釋出的養分就會越多。一般來說 24 小時是燉湯的最長時間，如果牛骨開始變軟、分解或碎裂，你就知道你煮得太久了。

辛香料骨湯熱巧克力

份量：2 人份（每份 295 毫升）　|　**備料**：5 分鐘

　　基本上肉和巧克力是我們最喜歡的兩大類食物，而事實證明有很多種方式可以把它們結合起來，變成美味的食物。天冷的日子裡來杯熱巧克力正合適，那為什麼不來個大改造，加點有香料又富含膠原蛋白的骨湯呢？你的熱巧克力喝起來不會有牛肉味，可能會降低甜味，但這不是壞事。

1 杯無糖全脂椰奶或重鮮奶油

60 克黑巧克力（至少 85%），切碎

1/2 杯富含抗氧化物的啜飲肉湯（第 336 頁）

1/2 茶匙香草精

甜菊或羅漢果糖（粉狀或萃取／液狀），或楓糖（自由選擇）

椰子或乳製打發奶油，配料（自由選擇）

特殊設備：

小型手持式奶泡機（可自選）

1. 開小火，奶油和巧克力放進小型單柄鍋裡。小火慢燉同時攪拌到巧克力融化，食材完全融合，約 4-5 分鐘。

2. 拌入骨湯，加熱到完全變熱，約 1 分鐘以上。把鍋子拿開，拌入香草精。

3. 巧克力湯倒進兩個 295 毫升的馬克杯，喜歡的話可以加糖，試吃看看。如果你有小型手持奶泡機，可以在最上面打一些奶泡，兩杯各約 15 秒。喜歡的話最後放上打發奶油，上桌享用。

第十三章
醬料和調料

培根牧場沾醬

份量：2/3 杯 ｜ **備料**：20 分鐘 ｜ **烹煮時間**：9 分鐘

　　這個沾醬真的非常受歡迎，培根和牧場沾醬，哪有理由不喜歡？搭配氣炸水牛城雞塊（第116 頁）更是絕配。很多牧場沾醬食譜都會用乾燥香草，但我們很喜歡改加新鮮巴西里和蒔蘿的這個版本，它們可以帶出更多香氣，當然值得麻煩一點。想拿來做調料嗎？請看下方的變化作法。

85 克培根（約 3 片）

2 瓣大蒜，切碎（約 2 茶匙）

1/4 杯酪梨美乃滋

1/4 杯酸奶油

1/2 茶匙芥末粉

1 茶匙磨碎檸檬皮

1 湯匙新鮮檸檬汁

3 湯匙切碎的平葉巴西里

2 茶匙切碎的新鮮蒔蘿

1/4 茶匙生蜂蜜

細海鹽和現磨黑胡椒

1. 培根放進大型未預熱的煎鍋。開中小火，培根煎到變脆，但不要整個變成棕色，翻面數次，約 10 分鐘。培根移到砧板上，倒出約 1 湯匙培根油（多餘的油保留下來還有其他用途）。

2. 把火轉小，大蒜放進煎鍋，煎到飄出香氣，約 1 分鐘。移到攪拌機或食物處理機裡，放進美乃滋、酸奶油、芥末粉、檸檬皮和檸檬汁、巴西里、蒔蘿、蜂蜜，攪拌到質地滑順（或者也可以在中碗裡把所有食材攪拌均勻）。

3. 培根切細碎，拌進醬料裡。試吃看看，需要的話用鹽和胡椒調味。馬上可以配菜，或是蓋上蓋子冷藏，之後再吃，可保存 5 天。冷藏過的沙拉醬會變得更濃稠。

彩蛋：培根牧場調料。這個沾醬也可以當作沙拉的沙拉醬，只要拌進一點橄欖油、牛奶或水，讓它稀釋一點，達到你理想的稠度。試吃看看，需要的話可以再調味。

檸檬酸豆蒜泥蛋黃醬

份量：1 杯　｜　**備料**：15 分鐘　｜　**烹煮時間**：2 分鐘

　　嚴格來說，蒜泥蛋黃醬裡不應該有蛋黃醬，它和蛋黃醬也不一樣。蛋黃醬是用蛋黃和油乳化而成，而蒜泥蛋黃醬應該是大蒜和橄欖油乳化製成。你可以和我們一樣詩意地稱它為蛋黃醬，也可以更精確地稱它為檸檬酸豆美乃滋。不管你想怎麼稱呼它，做看看吧。抹在烤紅笛鯛全魚（第 234 頁）上，或是搭配魚類或貝類都很不錯。

2 湯匙特級初榨橄欖油

3 根細蔥，蔥白和淺綠段，切成薄片（約 1/4 杯）

1 瓣大蒜，切碎（約 1 茶匙）

2 湯匙瀝乾的酸豆

1 湯匙切碎的平葉巴西里，喜歡的話多備一些裝飾用

1/2 茶匙磨碎的檸檬皮

2 湯匙新鮮檸檬汁

1/4 茶匙生蜂蜜

1/4 茶匙辣醬

1/2 杯酪梨美乃滋

細海鹽和現磨黑胡椒

1. 橄欖油、細蔥、大蒜放進小型未預熱的煎鍋。開小火，不攪動食材，煎到食材開始滋滋作響，繼續靜置 1 分鐘以上，然後放進小型食物處理機裡。

2. 加入酸豆、巴西里、檸檬皮和檸檬汁、蜂蜜、辣醬、美乃滋，攪打到質地變滑順。試吃看看，加入鹽和胡椒調味（你可以提前兩天做好蒜泥蛋黃醬，蓋上蓋子，冷藏保存）。

備註：

> 如果你沒有小型食物處理機，或是你喜歡比較有口感的醬料，切碎細蔥、酸豆、巴西里後，步驟 2 改成攪拌即可。

三種特調奶油

　　特調奶油是極具巧思的烹飪技巧。只要把一些簡單的食材加進無鹽奶油裡，你就有了能搭配無麩質麵包的迷人抹醬，或是搭配牛排、魚、雞或蔬菜的簡易沾醬。你也可以做甜味的特調奶油，妝點美式鬆餅、格子鬆餅或瑪芬。以下是三種我們熱愛的特調奶油，還加一個彩蛋：第80頁的藍紋起司奶油，它是第4種。

鯷魚奶油

份量：約 5 湯匙 ｜ **備料**：10 分鐘，冷藏時間 30 分鐘

　　這款奶油濃郁又甘美，只有一點點甜椒粉的辣度，吃起來沒有魚腥味；鯷魚只是帶入一點鹹味和鮮味到奶油裡。用途廣泛，可以提升牛排、雞肉、魚肉或蔬菜的風味。

4 湯匙（60 克）無鹽奶油，置於室溫下

4 罐或 4 包錫箔裝的橄欖油漬鯷魚肉

1/2 茶匙新鮮檸檬汁

1/4 茶匙大蒜粉

1/8 茶匙甜椒粉

細海鹽和現磨黑胡椒，依個人口味添加

製作特調奶油

只要把奶油和食材在碗裡攪拌到完全均勻。或者，如果你有小型食物處理機，也可以用它混合奶油和食材。把特調奶油滾成圓筒狀，用保鮮膜包起來，冷藏至少 30 分鐘後再切片；冷藏可保存 1 週。或是把保鮮膜包好的奶油放在密封袋裡，冷凍保存可達 2 個月。製作方法適用於接下來的各種特調奶油。

巴西里細蔥奶油

份量：約 5 湯匙 ｜ **備料：**10 分鐘，冷藏時間 30 分鐘

　　試試看這款香料奶油，適合搭配海鮮（第 236 頁的烤淡菜），或融化一片後放在根莖類蔬菜泥上，例如防風草泥（第 270 頁）。

4 湯匙（60 克）無鹽奶油，置於室溫下

2 湯匙切碎的新鮮平葉巴西里

2 茶匙切碎的新鮮細蔥

1/2 茶匙磨碎的檸檬皮

細海鹽和現磨黑胡椒，依個人口味添加

蜂蜜檸檬薑香奶油

份量：約 5 湯匙 ｜ **備料：**10 分鐘，冷藏時間 30 分鐘

　　甜蜜又帶點辛辣，這款奶油相當適合搭配無麩質吐司、瑪芬、美式鬆餅或格子鬆餅。你也可以直接挖一勺舔著吃，我們不會阻止你。

4 湯匙（60 克）無鹽奶油，置於室溫下

2 茶匙生蜂蜜

1 茶匙新鮮檸檬汁

1 茶匙現磨薑末

1 小撮海鹽

希臘優格醬

份量：約 1 又 1/4 杯 ｜ **備料**：15 分鐘 ｜ **烹煮時間**：2 分鐘

　　小黃瓜、新鮮薄荷、檸檬、大蒜、優格——這道經典醬料符合所有受歡迎的要素。如果買得到可以用羊奶優格，它的蛋白質含量高且脂肪含量低於牛奶優格，所以質地特別濃郁、更像奶油般滑順。就像山羊奶優格，它對乳糖敏感者的腸道也比較友善，而且味道比山羊奶優格更溫和（我們不是在貶低山羊奶，我們超愛它，但一般的羊奶更適合這款醬料）。如果你選擇牛奶優格，可以選擇一般優格或希臘式優格，依據你希望呈現的濃稠度選擇。

1/2 條無籽黃瓜

細海鹽

1 湯匙特級初榨橄欖油

1 瓣大蒜，切碎（約 1 茶匙）

3/4 杯全脂原味優格（建議一般羊奶製成的優格）

2 茶匙切碎的新鮮薄荷葉

1/2 茶匙磨碎的檸檬皮

1/4 茶匙生蜂蜜

現磨黑胡椒

1 小撮紅辣椒片，裝飾用（可加可不加）

1. 用有大洞的刨絲器磨碎黃瓜。把黃瓜放在細篩網上，灑鹽後稍微搓揉，靜置 10 分鐘。

2. 同時，把橄欖油和大蒜放在小型未預熱的煎鍋上。轉小火煮到食材開始滋滋作響，繼續靜置 30 秒，然後移到中碗裡。

3. 擠壓放在細篩網上的黃瓜，把多餘水分壓出來。用乾淨的廚房紙巾包裹黃瓜，更用力擠壓，盡可能擠出越多水分越好。擠完水的黃瓜放在大蒜碗裡，拌入優格、薄荷、檸檬皮、蜂蜜，直到食材均勻融合。試吃看看，可用鹽和胡椒調味（你可以提前3天做好，蓋上蓋子冷藏保存，上桌前攪拌一下）。

4. 挖進要搭配的餐點旁邊，喜歡的話可以撒上紅辣椒片。

香蒜蒔蘿優格沾醬

份量：約 1 杯 ｜ **備料**：10 分鐘，冷藏時間 1 小時

　　我們喜歡這個食譜的原因是它簡單、美味、富含蛋白質，完全是我們的菜。這個沾醬適合任何蛋白質餐點，但我們特別喜歡搭配雞肉和羊肉，就像第 132 頁的氣炸辣雞腿和第 86 頁的科夫塔羊肉。把沾醬做好放在冰箱冷藏，你會發現自己吃什麼都想沾它。

1 杯全脂原味希臘優格

2 瓣大蒜，壓成泥

1 湯匙新鮮檸檬汁

1/2 茶匙切碎的新鮮蒔蘿，喜歡的話多備一點裝飾用

1/2 茶匙細海鹽

1/2 茶匙現磨黑胡椒

所有材料放進小碗裡混合。蓋上蓋子冷藏至少 1 小時後即可上桌。喜歡的話可撒一些新鮮蒔蘿裝飾。吃不完的部分可以放進氣密盒裡，冷藏可保存 4 天。

熱培根油醋醬

份量：約 1/2 杯 ｜ **備料**：10 分鐘 ｜ **烹煮時間**：13 分鐘

　　如果你和我們一樣熱愛培根，大概任何東西都想加一點……包括沙拉，就用培根油作為油醋醬的基底來實現這個願望吧。在調料裡加入培根碎或撒一點在沙拉上（或者邊做沙拉的時候邊吃一點，沒事我們就說說而已）。

110 克培根（約 4 片），切碎
3 湯匙研磨芥末
2 湯匙生蜂蜜
3 瓣大蒜，切碎（約 1 湯匙）
1/2 茶匙細海鹽
1/2 茶匙現磨黑胡椒
1/4 杯蘋果醋

1. 切碎的培根放在中型未預熱的煎鍋裡。開中小火煎到變脆，約 10 分鐘。拿一個碗鋪好廚房紙巾，用漏勺把培根撈進碗裡。煎鍋從爐火上拿開。

2. 把芥末、蜂蜜、大蒜、鹽、胡椒放進留著培根油的煎鍋。攪拌到完全融合。

3. 攪拌時把蘋果醋倒進煎鍋，繼續攪拌到蘋果醋乳化，質地變稍微濃稠，約 3 分鐘。喜歡的話可以放一些培根碎到醋裡。

4. 趁熱享用，或是倒進玻璃罐裡，蓋上蓋子放進冰箱，稍後再吃。這款沾醬熱的最好吃，所以如果你先冰起來了，吃之前倒進煎鍋或單柄鍋，用小火加熱，記得邊熱邊攪拌。沾醬封好可冷藏保存 4 天。

肉桂香草風味酥油

份量：1 杯 ｜ **備料**：5 分鐘 ｜ **烹煮時間**：5 分鐘

　　酥油是濃郁、美味、奶香極濃的油脂，非常適合不耐受乳製品的人，因為奶油脫水處理過，已除去乳固形物，酥油也就更容易消化。你可以把這款酥油做成鹹味，用薑黃或百里香這類香料取代香草莢和肉桂棒，製好的風味酥油可以拿來取代任何用得到奶油的食物：麵包、蔬菜或一些美味的起司鬆餅（請見第 208 頁）。

1 條香草莢

1 杯酥油

2 根肉桂棒或 1/2 茶匙磨碎的肉桂

1/8 茶匙細海鹽

1. 把香草豆莢縱向切開，小心地把香草籽挖出來。

2. 酥油、香草豆莢、香草籽、肉桂棒和鹽放進小型單柄鍋，然後開中火。一邊煮一邊攪拌，直到酥油融化並開始飄出香氣，約 5 分鐘。

3. 把鍋子從爐火上移開。肉桂棒和香草豆莢取出，有香氣的酥油倒進耐熱的玻璃密封盒。先放在室溫下冷卻 1 小時，或是不那麼燙之後放進冰箱，使用前冷藏約 30 分鐘。酥油冷卻後會變得比較固態，軟度大約是適合塗抹的程度。放進玻璃密封盒裡，室溫保存可達 3 個月。

香辣水果莎莎醬

份量：4 杯 ｜ **備料：**15 分鐘

　　完美的甜辣夏日莎莎醬，搭配烤雞或豬排（第 172 頁），或是蕃薯片（第 274 頁）都是絕配。如果正是當季，可以把鳳梨換成桃子，喜歡的話加點香菜，或是想要更辣一點也可以加一些切碎的墨西哥辣椒。

1 杯切丁的新鮮鳳梨

1 杯切丁的芒果

1/2 顆中型紅洋蔥，切碎
（約 1/2 杯）

1/2 紅色甜椒，去籽切成丁
（約 1/2 杯）

1/4 杯新鮮萊姆汁
（需要 2-3 顆萊姆）

1/4 茶匙細海鹽

1/4 茶匙卡宴辣椒粉或奇波雷辣椒粉

鳳梨、芒果、洋蔥、甜椒放進中碗裡混合，加入萊姆汁、鹽、卡宴辣椒粉，拌一拌混合均勻。試吃看看，需要的話再加鹽調味。吃不完的部分放進氣密盒裡，冷藏可保存 3 天。

備註：

可以提前做好莎莎醬，香氣會更完美地融合在一起。

致謝

　　貝絲：非常、非常感謝艾許萊，她是我親愛的好友，一起寫這本書的好夥伴，我發自內心地愛妳。妳每天都讓我學到很多，也深受啟發。還有我的摯愛和夥伴馬克，每件事都因為你而變得更好（包括這本書裡的一些照片，都是用你的相機拍的，或根本是你拍的）。致我的女兒迪倫，總是鼓勵我，讓我懂得自嘲，每天都告訴我成為一個很棒的人意味著什麼。致我最棒的啦啦隊，我的母親塔瑪：我每天都很想妳。致我的出版經紀人喬伊‧圖特拉（Joy Tutela），謝謝你的智慧與寬容。致我忠實的試吃員和攝影顧問，艾拉‧達萊爾（Ella d'Aulaire），真的謝謝妳。致親愛的家人與朋友們，很難一一唱名，但謝謝所有用你們的熱忱與熱情幫助這本書的人，我由衷感激你們每一個人。

　　艾許萊：首先，謝謝我的共犯貝絲。打從我們認識就常常雀躍地討論要一起做件大事，這是貝絲的靈感，要寫一本以健康、蛋白質導向的烹飪書，我想不出還能和誰一起從事這件有使命感又美味的計畫。感謝地球上我最愛的人，我的丈夫艾力克斯，他是我所有力量與正向的來源，他的熱情（以及烤肉的意願）從未動搖。謝謝我最有才華、最親愛的朋友海瑟，也是本書和我第一本書的食物攝影師，你願意和你最愛的人分享令人興奮的計畫，讓這個計畫變得更有意義，我會永遠珍惜我們充滿冒險精神的週末攝影。感謝每個支持這本書的人，以及閱讀我們美好、有營養食譜的人：就是你。

　　特別感謝分享他們對動物蛋白豐沛知識的專家們：

- 約翰‧艾迪斯（John Addis），他是 Fish Tales（布魯克林魚商）的老闆

- 潔絲‧卡斯洛（Jess Coslow），石倉食物農業中心（Stone Barns Center for Food and Agriculture）負責家禽專案的家禽經理

- 亞利安‧達奎茵（Ariane Daguin），達特尼安（D'Artagnan）餐廳創辦人

- 萊恩‧法爾（Ryan Farr），舊金山 4505 Meats 餐廳的創始人

- 珍妮弗‧格雷格（Jennifer Gregg），Vital Farms 公司營運副總裁

- 麥可‧薩爾格羅（Mike Salguero），ButcherBox 的創辦人與執行長

- 海瑟・馬洛・湯瑪森（Heather Marold Thomason），費城肉鋪 Primal Supply Meats 創辦人

- 布莉・凡・史考特（Bri Van Scotter），《全野味烹飪書》（*Complete Wild Game Cookbook*，暫譯）作者

特別向布魯克林當地肉鋪表達謝意，他們回答許多問題，笑著滿足我們的特殊需求，總是鼓勵我們：Fleishers、Paisanos、Staubitz Market。

我們也要向 Victory Belt 出版社的全體員工表達感激之意。你們是非常棒的夥伴，非常感謝你們對這本書的熱忱，你們的努力與貢獻和我們一起完成了這本書，你們讓整個過程變得非常有趣又充實。還有當然要感謝你，我們的讀者和支持者，謝謝你們打開這本書，願意學習、嘗試新事物，與我們共享對有營養、美味食物的熱情，我們時時把你們放心上。

資料來源（皆為英文網站）

農場／農業

人道認證（Certified Humane）：certifiedhumane.org

有機畜牧：www.ams.usda.gov/sites/default/files/media/Organic%20Livestock%20 Requirements.pdf

烹飪基礎

Food52: food52.com

Kitchn: www.thekitchn.com

Serious Eats: www.seriouseats.com

The Spruce Eats: www.thespruceeats.com

優質蛋白質的供應商

以下絕不是全部。我們很幸運擁有很多優質蛋白質的線上資源。這些是我們喜歡且廣泛使用的網站。

ButcherBox: www.butcherbox.com

Crowd Cow: www.crowdcow.com

D'Artagnan: www.dartagnan.com

Holy Grail Steak Co.: holygrailsteak.com

Porter Road: porterroad.com

Thrive Market: thrivemarket.com

US Wellness Meats: grasslandbeef.com

Walden Local Meat（僅限美國東北地區）：waldenlocalmeat.com

推薦閱讀（皆為英文資訊）

Badger, Mike. "The Nutrition of Pasture-Raised Chicken and Meats." Accessed May 20, 2021. https://apppa.org/The-Nutrition-of-Pasture-Raised-Chicken-and-Meats.

Clover Meadows Beef. "What Everyone Ought to Know About Beef Cuts."Accessed May 20, 2021. https://www.clovermeadowsbeef.com/beef-cuts/.

Cofnas, Nathan. "Is Vegetarianism Healthy for Children?" Critical Reviews in *Food Science and Nutrition* 59, no. 13 (2019): 2052–60.

Ede, Georgia. "The History of All-Meat Diets." Accessed April 6, 2021. https://www.diagnosisdiet.com/full-article/all-meat-diets.

Edwards, Rebekah. "Paprika: The Antioxidant-Rich Spice That Fights Disease." Accessed June 13, 2021. https://draxe.com/nutrition/paprika/.

Encyclopedia of Food Sciences and Nutrition, 2nd ed. "Carcass and Meat Characteristics." Accessed April 7, 2021.

Institute of Agriculture and Natural Resources, University of Nebraska-Lincoln. "Pork Meat Identification." Accessed May 20, 2021.

Kresser, Chris. "RHR: How Protein Supports Your Muscle Health, with Dr. Gabrielle Lyon."Accessed April 6, 2021.

Nourish by WebMD. "Health Benefits of Coriander." Accessed June 13, 2021. https://www.webmd.com/diet/health-benefitscoriander#1.

Oregon Health Authority. "Safe Eating of Shellfish." Accessed June 13, 2021. https://www.oregon.gov/oha/PH/HealthyEnvironments/Recreation/Documents/Shellfish-safety.pdf.

Penn State News. "Research Shows Eggs from Pastured Chickens May Be More Nutritious."Accessed May 20, 2021.

Plataforma SINC. "How to Remove Environmental Pollutants from Raw Meat." Accessed June 2, 2021. https://www.sciencedaily.com/releases/2016/05/160506100202.htm.

Rodgers, Diana. "Amazing Grazing: Why Grass-Fed Beef Isn't to Blame in the Climate Change Debate." Accessed April 10, 2021. https://sustainabledish.com/beef-isnt-to-blame/.

Rodgers, Diana. "Eat Meat. Improve Your Mood."Accessed April 7, 2021. https://sustainabledish.com/eat-meat-improve-your-mood/.

Rodgers, Diana. "Meat Is Magnificent." Accessed April 7, 2021.

Rodgers, Diana. "More Protein, Better Protein." Accessed April 7, 2021. https://sustainabledish.com/protein-better-protein/.

Rodgers, Diana. "Why Is It Necessary to Eat Animals?" Accessed April 10, 2021.

Rodgers, Diana. "Women and Meat." Accessed April 10, 2021. https://sustainabledish.com/women-and-meat/.

VanHouten, Ashleigh. It *Takes Guts: A Meat-Eater's Guide to Eating Offal with Over 75 Healthy and Delicious Nose-to-Tail Recipes.* Las Vegas, Nev.: Victory Belt Publishing, 2020.

食譜索引

牛肉、羊肉和山羊肉

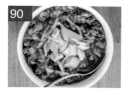

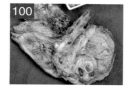

禽類

118
五香鴨胸佐橙汁紅酒醬

120
烤雞佐時蔬

122
奶油雞肉、培根與花椰菜雜燴

124
越式雞肉丸包生菜

126
煎鍋燉雞腿佐高麗菜

128
雞肉沙威瑪

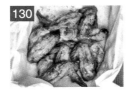
130
辣蜂蜜雞翅

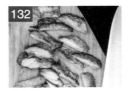
132
氣炸辣雞腿

134
墨西哥雞絲盆

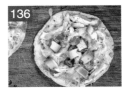
136
手撕雞玉米餅

138
茴香雞肉沙拉佐亞洲梨

140
甜辣橙汁鴨翅

142
氣炸香草奶油火雞胸

144
火雞甘藍菜碗

146
甜椒鑲肉

豬肉

150
木須豬肉碗

152
圓豬肉片佐芥末鍋底醬汁

154
烤地瓜皮

156
慢燉肋排

158
手撕豬肉

160
香腸蘋果餡烤豬里肌捲

162
氣炸豬排

164
早餐豬肉香腸餡餅

166
越式生菜包烤豬肉

168
香腸佐甜椒

豬肉

法式火腿起司三明治無麵包版

烤豬排佐辣水果莎莎醬

義式潛艇堡沙拉

野味

咖啡香丹佛鹿腿

野牛邋遢喬肉醬

開放式野牛起司漢堡排

燉兔肉佐蘑菇與芥末醬

香腸與鴕鳥肉醬

麋鹿排沙拉

野豬肉丸

蛋類

切達細香蔥舒芙蕾

水牛城魔鬼蛋

蟹肉糕魔鬼蛋

生薑芥末魔鬼蛋

辣泡菜蛋

蛋花湯

丹佛炒蛋

法式鹹派

肉桂麵包起司鬆餅

焦糖洋蔥韭菜烘蛋佐義大利火腿

簡易馬克杯火腿歐姆蛋

花椰菜起司早餐捲

奶油炒蛋佐煙燻鮭魚

肉食烤蘇格蘭蛋

牛排煎蛋佐檸檬荷蘭醬

海鮮

檸檬龍蒿龍蝦沙拉

檸檬香蒜奶油烤鱈魚

封煎扇貝佐培根、炸酸豆與香蔥奶油

全都要貝果風味鮭魚

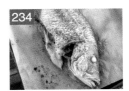
烤紅笛鯛全魚

烤淡菜

傳統新斯科舍巧達濃湯

醃鱒魚

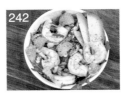
蝦、酪梨和檸檬沙拉

鮭魚蓋飯

百慕達鱈魚糕

內臟

烤骨髓

秘魯烤牛心

美味的肉「瑪芬」

骨髓漢堡

烤雞心科布沙拉

牛舌小漢堡

配菜

花椰菜米

櫛瓜麵

防風草泥

凱薩沙拉佐豬腩「麵包丁」

氣炸綜合蕃薯片

蒜香金線瓜義大利麵

豬皮粉洋蔥圈

炸大蕉餅

開胃菜與點心

肉鑲蘑菇 284

烤鑲蛤 286

熱培根墨西根辣椒鑲乳酪沾醬 288

氣炸莫札瑞拉起司條 290

生酮鬆餅 292

貓王香蕉麵包 294

黑巧克力椰子穀麥脆片 296

生酮蛋麵包 298

火雞肉乾 300

豬皮玉米片 302

覓食者綜合乾果 304

「動物」脆餅 306

煙燻鮭魚肉醬 308

甜點與飲品

香草冰淇淋 312

水果果凍 314

祕製餅乾麵團松露巧克力 316

熱巧克力糖漿聖代 318

法式吐司卡士達 320

甜點與飲品

322 楓糖培根馬林糖

324 日式起司蛋糕

326 橙香白巧克力鴨油甜餅乾

328 巧克力豆肉食蛋白棒

330 鹹食點心拼盤

332 血橙琴費斯

334 香辣公牛一口酒

336 富含抗氧化物的啜飲肉湯

338 辛香料骨湯熱巧克力

醬料和調料

342 培根牧場沾醬

344 檸檬酸豆蒜泥蛋黃醬

347 鯷魚奶油

348 巴西里細蔥奶油

349 蜂蜜檸檬薑香奶油

350 希臘優格醬

352 香蒜蒔蘿優格沾醬

354 熱培根油醋醬

356 肉桂香草風味酥油

358 香辣水果莎莎醬

微肉飲食

從主餐到甜點，125 道富含動物蛋白質的美味食譜，增強肌肉 & 提升健康

Carnivore-ish:125 Protein-Rich Recipes to Boost Your Health and Build Muscle

作　　者　艾許萊‧萬霍頓（Ashleigh VanHouten）、貝絲‧利普頓（Beth Lipton）
譯　　者　王曼璇
責任編輯　夏于翔
協力編輯　王彥萍
內頁構成　中原造像股份有限公司
封面美術　比比司設計工作室

發 行 人　蘇拾平
總 編 輯　蘇拾平
副總編輯　王辰元
資深主編　夏于翔
主　　編　李明瑾
業　　務　王綏晨、邱紹溢
行　　銷　曾曉玲
出　　版　日出出版
　　　　　地址：10544 台北市松山區復興北路 333 號 11 樓之 4
　　　　　電話：02-2718-2001 傳真：02-2718-1258
　　　　　網址：www.sunrisepress.com.tw
　　　　　E-mail 信箱：sunrisepress@andbooks.com.tw

發　　行　大雁文化事業股份有限公司
　　　　　地址：10544 台北市松山區復興北路 333 號 11 樓之 4
　　　　　電話：02-2718-2001　傳真：02-2718-1258
　　　　　讀者服務信箱：andbooks@andbooks.com.tw
　　　　　劃撥帳號：19983379　戶名：大雁文化事業股份有限公司

印　　刷　中原造像股份有限公司
初版一刷　2022 年 12 月
定　　價　700 元
I S B N　978-626-7044-93-3

國家圖書館出版品預行編目 (CIP) 資料

微肉飲食：從主餐到甜點，125 道富含動物蛋白質的美味
食譜，增強肌肉 & 提升健康／艾許萊‧萬霍頓（Ashleigh
VanHouten），貝絲‧利普頓（Beth Lipton）著；王曼璇譯 . --
初版 . -- 臺北市：日出出版：大雁文化事業股份有限公司發行，
2022.12
376 面；21×28 公分

譯自：Carnivore-ish : 125 protein-rich recipes to boost our health
and build muscle

ISBN　978-626-7044-93-3（平裝）

1.CST：肉類食譜　2.CST：烹飪

427.2　　　　　　　　　　　　　　　　　　111019286